RÉFUTATIONS

D'UNE

SECONDE CRITIQUE DE M. G. ZEUNER.

BULLETINS DE LA SOCIÉTÉ INDUSTRIELLE
DE MULHOUSE.

THERMODYNAMIQUE APPLIQUÉE.

RÉFUTATIONS

D'UNE

SECONDE CRITIQUE DE M. G. ZEUNER,

PAR

G.-A. HIRN & O. HALLAUER.

PARIS,

GAUTHIER-VILLARS, IMPRIMEUR-LIBRAIRE

DU BUREAU DES LONGITUDES, DE L'ÉCOLE POLYTECHNIQUE,

DES COMPTES RENDUS DE L'ACADÉMIE DES SCIENCES,

Quai des Augustins, 55.

1883

AVANT-PROPOS

Il vient de paraître, dans le tome XXVIII, n° 5, de l'*Ingénieur civil*, et aussi sous forme de tirage à part, une réponse de M. Zeuner à la double réfutation que nous avons faite[1], M. Hallauer et moi, d'un travail critique de l'auteur, publié dans le même journal, sous le titre : *Recherches calorimétriques sur la machine à vapeur*. Bien loin de céder en quoi que ce soit, du moins en apparence, à nos arguments, l'éminent analyste les frappe tous d'un verdict de condamnation, et cela en des termes qui nous interdiraient le silence, si même l'intérêt scientifique et pratique de la question ne rendait une réponse éminemment utile. Nous procéderons cette fois encore comme dans notre réfutation précédente, chacun traitant le sujet à sa manière et sous la forme qui lui a semblé la plus convenable. Ne nous reconnaissant pas le droit de traduire intégralement le travail de M. Zeuner, sans son assentiment direct, et ne pouvant, par suite, donner en français que les fragments, fort nombreux d'ailleurs, qui nous concernent personnellement, nous serons parfois amenés ainsi à reproduire les mêmes passages, pour y répondre; mais sans doute le lecteur ne verra aucun inconvénient à cela, malgré la maxime du droit romain : *Non bis in idem.*

G.-A. Hirn.

---

[1] *Bulletin* (septembre-octobre 1881) *de la Société industrielle de Mulhouse.* Brochures tirées à part (Gauthier-Villars, Paris).

RÉFUTATION

DE LA

SECONDE CRITIQUE DE M. G. ZEUNER.

PAR G.-A. HIRN.

Il est reçu de dire que toutes les questions personnelles doivent être bannies des régions sereines de la Science, que l'on ne doit ici débattre que ce qui concerne la Science même et éliminer tout ce qui touche à l'individualité de chacun. Cette maxime philosophique, très belle en principe, ne peut toujours s'appliquer sans inconvénient, et pour aller de suite au cas particulier, je dirai que si ma première réfutation avait paru sous forme de Livre particulier publié par moi, je me conformerais en tous points à ce précepte, mais que, comme elle a paru dans un recueil publié par une Société dont tous les membres sont plus ou moins responsables des écrits insérés aux Bulletins, je crois qu'il est de mon devoir de répondre aujourd'hui à M. Zeuner, tout aussi bien comme homme que comme homme de science, afin de mettre de côté les imputations étranges qu'il porte contre mes amis et contre moi. Les chercheurs alsaciens sont d'ailleurs toujours collectivement en cause dans ce débat; je leur ai promis de ne point leur faire défaut, et je tiendrai ma promesse. Je suis certain, de plus, que tous mes lecteurs m'approuveront, quand ils auront lu quelques-unes seulement des citations que je vais faire de la critique de M. Zeuner.

« Dès un premier coup d'œil rapide jeté sur leurs deux travaux,
« on reconnaît que MM. Hirn et Hallauer se sont sentis blessés par
« mon jugement sur les recherches alsaciennes, car ils expriment
« à plusieurs reprises leur mauvaise humeur ; c'est particulièrement
« le cas de Hirn, et sous une forme plus que désobligeante. Je dois
« d'autant plus le regretter, qu'ainsi que le constate Hirn dans son
« introduction, mon exposition est faite dans les termes les plus
« polis et les plus flatteurs pour les expérimentateurs alsaciens, et
« que, de plus (des expérimentateurs n'en peuvent demander
« davantage), je n'ai pas mis en doute un seul de leurs résultats ;
« bien plus : j'ai admis en toute confiance toutes leurs données.

« Les objections et les doutes émis par moi ne se rapportaient
« qu'aux calculs et à la discussion des résultats expérimentaux,
« produits par les Alsaciens. Mais cette partie est de nature
« théorique pure, et elle pourra par conséquent être abordée
« par les personnes qui n'ont pas été dans l'heureuse position de
« faire des expériences en grand sur la machine à vapeur. Si,
« comme il semble, Hirn est en ce sens d'une opinion différente,
« on peut lui objecter que les expériences les plus parfaites sont
« profondément lésées dans leur valeur par une discussion et des
« développements analytiques, fautifs et défectueux. J'étais bien
« plutôt d'avis que, par mon exposé, j'avais appuyé les efforts des
« Alsaciens, et que j'y avais apporté une quote-part, grâce à laquelle
« l'attention serait appelée de nouveau, et plus puissamment, sur
« leurs recherches ; car, contrairement à ce qui a eu lieu dans
« leurs publications, j'ai su exprimer en des équations générales,
« très simples, tous les cas particuliers..... Hirn n'a rien à opposer
« à mes équations, en ce qui concerne leur exactitude ; mais il lie
« à leur examen une suite de remarques qui, avec tout le reste de
« son exposé, me fourniraient une riche étoffe à la réplique ; toute-
« fois ceci ne mènerait pas à grand'chose, et je n'ai d'ailleurs pas
« la place nécessaire pour le faire ici.

« J'avais d'abord l'intention de ne plus revenir sur ce sujet, et
« de laisser à d'autres le soin de décider jusqu'à quel point sont
« fondées les objections qui m'ont été faites. Mais la différence
« d'opinion qui existe entre moi et MM. Hirn et Hallauer ayant été
« signalée déjà dans diverses publications techniques allemandes,
« et cela dans un sens tel que je me trouve avoir complétement
« tort, j'ai cru devoir reprendre la question de rechef. »

M. Zeuner nous reproche de laisser percer notre mauvaise
humeur, et à moi en particulier, de le faire en termes plus que
désobligeants *(unfreundlich)*. Je laisse au public entier à décider
s'il se trouve dans notre travail une seule phrase qui ne témoigne
de notre respect pour l'éminent analyste. En ce qui me concerne,
le mot mauvaise humeur *(Unmuth)* est absolument inexact. Ce qui
perce dans ma réplique, c'est ce sentiment de profonde déception
qu'on éprouve, quand, inopinément et sans aucun motif plausible,
sans avertissement préalable, on se voit attaqué en public par un
ami. Mais ceci est le côté intime de la question ; je passe outre.
M. Zeuner dit qu'il le regrette d'autant plus que moi-même j'ai
constaté qu'il s'énonce toujours en termes polis et flatteurs pour
les chercheurs alsaciens. Ce n'est pas la première fois qu'il m'arrive
d'être puni pour avoir eu recours à l'euphémisme. Des phrases
comme celles-ci :

« Il a été répété maintes fois que les recherches alsaciennes ont
« ouvert la voie à une théorie nouvelle de la machine à vapeur, et
« que tout ce qui avait été fait dans la même direction se trouve
« ainsi surpassé. Mais ceci n'est en aucune façon la vérité. »

« Je suis très loin de nier l'influence des parois sur les change-
« ments d'état de la vapeur. Mais les recherches alsaciennes ne
« mettent encore en aucune façon en lumière la grandeur de cette
« influence..... »

« Je maintiens dans son intégrité ma théorie des machines à
« vapeur. Aux pertes isolées d'effet utile que j'ai déterminées, il ne
« reste à ajouter que celles qui relèvent de l'influence des parois
« des cylindres ; mais pour le moment il n'est pas encore possible

« de l'exprimer analytiquement avec sécurité. Certes cependant,
« cette perte se trouvera beaucoup plus petite qu'on ne l'attendrait
« d'après les recherches alsaciennes..... »

Des phrases comme celles-ci, dis-je, sont polies sans doute, mais
il faut y mettre beaucoup de bonne volonté pour les trouver flat-
teuses pour les expérimentateurs alsaciens. M. Zeuner pense que
sa critique était plutôt de nature à mettre en relief nos travaux ;
je partage entièrement son opinion, mais je suis tout aussi ferme-
ment convaincu que ce ne sera pas par la voie qu'il désirerait.
Nier toutes les conclusions des chercheurs alsaciens pour faire
passér leurs travaux à la postérité, c'est, avouons-le, un procédé
au moins étrange.

M. Zeuner a parfaitement raison de dire que les plus belles expériences perdent toute valeur par suite d'une discussion analytique
fautive et défectueuse ; disons même hardiment que l'expérimenta-
teur le plus habile ne peut tirer aucun parti utile de ses recherches,
s'il n'est en même temps analyste exact. Mais ce que nous pouvons
affirmer avec tout autant de vérité, c'est que l'analyste le plus
pénétrant ne peut tirer correctement parti d'expériences bien faites
qu'à la condition d'être physicien, et de ne pas perdre un seul
instant de vue la *réalité des phénomènes physiques*, dans l'aligne-
ment de ses équations. Je démontrerai bientôt que, pour avoir
perdu de vue cette réalité dans une partie, et la plus âcre
de sa critique, M. Zeuner est tombé dans une erreur énorme,
en examinant l'un des points les plus saillants de la méthode
d'analyse de Hallauer. Au lieu de renverser une à une les objections critiques que j'ai présentées dans mon travail, M. Zeuner n'en
réfute pas une seule et déclare simplement qu'il ne serait résulté
de là aucun bénéfice pour la Science, et que, d'ailleurs, l'espace lui
manquait pour cela. Je n'userai jamais du même dédain à l'égard
de n'importe lequel de ses travaux, et il peut être certain que je
ne me lasserai jamais d'y répondre.

Pour rendre aussi claire et aussi concise que possible la réponse
que j'ai à faire à la nouvelle critique de M. Zeuner, je dois, au

risque de me répéter un peu, rappeler l'historique des études faites sur la machine à vapeur par les chercheurs alsaciens.

Dès mes premiers travaux sur ces moteurs, j'avais reconnu qu'on tombe dans des erreurs allant de 30 à 40 pour cent, quand on essaie de calculer *a priori* et à l'aide des équations théoriques, la dépense en vapeur ou le travail de certaines machines. J'avais reconnu qu'il se condense des quantités souvent considérables de vapeur pendant l'admission et qu'il s'opère ensuite pendant la condensation une déperdition de chaleur qu'il n'est pas plus possible d'établir *a priori* que la liquéfaction de la vapeur pendant la période d'admission. J'ai reconnu en un mot, et je l'ai répété dans la plupart de mes écrits, qu'il est impossible d'établir *a priori* et sans le secours continu de l'expérience, une théorie quelque peu correcte de la machine à vapeur. — C'est dans cet ordre d'idées que sont entrés avec moi nos expérimentateurs alsaciens. — Il va m'être facile de faire voir que l'exactitude de cette manière de voir reste absolument hors de conteste.

Il était tout naturel que, comme physicien, je cherchasse à me rendre compte des causes de la perturbation profonde apportée aux résultats des calculs par ceux de l'expérience directe. L'étude de l'action de l'enveloppe à vapeur de Watt, faite d'abord par mon vénéré ami Combes, et ensuite par moi, la constatation de ce fait remarquable : que la même machine, marchant dans les mêmes conditions de pression, de vitesse, de détente, mais avec ou sans son enveloppe, donne 20 pour cent de travail mécanique de plus dans le premier cas que dans le second, ces considérations, dis-je, n'ont pu me laisser un instant dans l'hésitation sur la nature de la cause perturbatrice en jeu. C'est à l'action des parois métalliques des cylindres, etc., agissant comme réservoirs de chaleur, positifs et négatifs, que j'ai rapporté, non en totalité, mais principalement, cette cause perturbatrice.

A cette interprétation, développée par moi *in extenso,* et avec tous les détails nécessaires dans ma dernière Edition de Thermodynamique[1], M. Zeuner en a, *tout récemment,* opposé une autre. Selon lui, ce ne serait pas aux parois métalliques que reviendrait l'action perturbatrice principale ; c'est à une provision d'eau en permanence dans les espaces nuisibles qu'il faudrait surtout attribuer cette cause de trouble. — Je dis à dessein : *tout récemment ;* au point de vue de la discussion personnelle, c'est très important. Nous allons le voir de suite.

La question que j'ai à examiner au point de vue critique se divise donc nettement en deux autres.

1° Existe-t-il une théorie qui prévoie les effets de perturbation dans la machine à vapeur et qui permette de les mesurer à l'avance, quelle qu'en soit maintenant la nature ?

2° Est-il vrai que c'est principalement l'eau toujours présente dans les espaces perdus qui constitue l'élément perturbateur, comme le dit M. Zeuner ? Ou sont-ce les parois métalliques à qui revient la plus grande partie de cette action de trouble ?

La première question, essentielle en elle-même, est toute de principe ; la seconde est un problème de Physique et de Mathématiques, du plus haut intérêt, mais pourtant secondaire ici. J'ai examiné la première attentivement à la fin de mon précédent travail. Je l'ai fait en vain, paraît-il ; je vais donc la reprendre sous une forme encore plus accentuée, s'il m'est possible.

Dans son premier travail, et sous une forme encore plus nette dans le second, M. Zeuner donne quatre équations remarquables, exprimant la relation qui existe entre le travail et la dépense en vapeur d'une machine, et l'action perturbatrice des parois et de l'eau présente dans les espaces perdus. Je les reproduis d'abord, en cherchant à bien les faire comprendre de mes lecteurs.

$$L_a + Q_a + Q_v' = G\lambda + G_0 (q_0 + x_0 \varrho_0) - (G + G_0)(q_1 + x_1 \varrho_1). \qquad \text{(I)}$$

$$L_b - Q_b + Q_v'' = (G + G_0)(q_1 + x_1 \varrho_1) - (G + G_0)(q_2 + x_2 \varrho_2). \qquad \text{(II)}$$

$$L_c + Q_c = G q_4 + G_1 (q_4 - q_1) + G_0 (q_3 + x_3 \varrho_3) - (G + G_0)(q_2 + x_2 \varrho_2). \qquad \text{(III)}$$

$$L_d - Q_d = G_0 (q_0 + x_0 \varrho_0) - G_0 (q_3 - x_3 \varrho_3). \qquad \text{(IV)}$$

---

[1] Tome II. Livre IV. G.-A. Hirn *Thermodynamique,* 3me édition, Gauthier-Villars, Paris.

L'équation (I) concerne la période d'admission, l'équation (II) la période de détente, l'équation (III) la période d'échappement et de condensation ; enfin la quatrième (IV) la période de compression, lorsque compression il y a. — G désigne la dépense totale de vapeur et d'eau entraînée (s'il y a lieu) ; G_0 la réserve d'eau toujours présente dans les espaces perdus, selon M. Zeuner ; L_a la chaleur que représente le travail d'admission, L_b celle que représente le travail de détente, L_c celle du travail d'expulsion, et enfin L_d celle qui répond au travail de compression ; Q_a est la chaleur cédée aux parois pendant l'admission, Q_b la chaleur rendue par elles pendant la détente, Q_c est celle que perdent les parois pendant que la vapeur se jette au condenseur : c'est notre R_c ou refroidissement au condenseur ; enfin Q_d est ce que reprennent les parois pendant le refoulement qui précède l'admission. x_0, x_1, x_2, x_3 sont les poids relatifs de vapeur présente dans les poids totaux G, G_0 et $(G + G_0)$; les lettres λ, q, ρ, généralement admises en Thermodynamique représentent : λ la chaleur totale cédée par la chaudière et par l'appareil de surchauffe, ρ ce qu'on appelle la chaleur du travail interne de la vapeur et q la chaleur de fluidité ou ce qu'il faut de chaleur pour porter de zéro à t la température de *un* kilogramme d'eau. La valeur de λ est donnée depuis longtemps par les travaux de Regnault et a pour expression :

$$\lambda = \big(606,5 + 0,305\, t + 0,4805\, (t_x - t)\big),$$

équation où t désigne la température de saturation de la vapeur et t_x celle de la surchauffe (s'il y a lieu).

La valeur très approximative de q est donnée aussi par l'équation

$$q = t + 0,00002\, t^2 + 0,0000003\, t^3$$

de Regnault. Enfin l'expression numérique de ρ est :

$$\rho = (606,5 + 0,305\, t) - q - A\,p\,u,$$

équation dans laquelle $A\,p\,u$ est la chaleur que consomme le travail externe dû à l'évaporation de *un* kilogramme d'eau sous la pression constante p. Cette chaleur est indiquée aujourd'hui dans les

Tables de tous les Traités de Thermodynamique. Son expression théorique et la manière dont on la détermine par le calcul sont dues à Rankine et surtout à Clausius, je n'ai point à en parler ici. Cette détermination constitue certainement l'une des plus belles conquêtes de la Thermodynamique.

Etant donnée une machine déjà en activité, dont on veut évaluer les effets, l'observation nous fournit naturellement les valeurs numériques des espaces perdus, du volume engendré en pleine pression, du volume total du cylindre; elle nous fournit ensuite, comme cas particuliers, la pression dans la chaudière, la dépense totale en vapeur et en eau vésiculaire, ou la valeur de la surchauffe (s'il y a lieu), la quantité d'eau injectée au condenseur, ainsi que ses températures, initiale et finale. — C'est là, remarquons-le maintenant bien expressément, *tout* ce que l'observation aurait à nous livrer, si nous possédions réellement une théorie de la machine à vapeur. Mais il s'en faut singulièrement que ces données suffisent. La théorie est absolument muette sur la manière de déterminer G_0 ou l'eau en réserve dans les espaces perdus, élément qui forme pourtant le pivot de toutes les objections faites par M. Zeuner aux travaux alsaciens. Il suit de là visiblement, que nous ne pouvons déterminer théoriquement aucune des quantités L_a, L_b, L_c, L_d, Q_a, Q_b, Q_c, Q_d; autrement dit aucune des inconnues les plus essentielles et les plus utiles à connaître, du problème. Etrange théorie en vérité que celle qui ne nous permet pas même de calculer à 30 pour cent près le travail fourni par une machine en activité !

« C'est à l'aide des équations précédentes et avec un diagramme
« donné par l'indicateur Watt, que nous pourrons suivre désormais
« les phénomènes qui se passent dans une machine à vapeur. »

Un diagramme est donc nécessaire pour l'étude d'une machine en action, à l'aide des équations indiquées. — Ceci, qu'il me soit permis de faire une comparaison très élevée, ceci est à peu près comme si un astronome prétendait avoir établi la théorie d'une planète, alors que pour se servir de ses équations et pour les mettre en nombres, il serait obligé de demander à l'astronome observateur un tracé fait point par point de l'orbite de cette planète ! !

Je rappelle formellement une autre objection capitale présentée par M. Zeuner contre notre manière d'évaluer l'effet des parois et la quantité de vapeur condensée pendant l'admission. — Pendant cette période, il se produit, dit-il, dans le cylindre des tourbillons violents qui modifient, qui diminuent la pression effective de la vapeur ; or c'est à l'aide de cette pression *faussée* que les Alsaciens ont déterminé le volume de vapeur de l'admission et par suite sa densité, ainsi que la partie condensée.

Admettons pour un moment ce verdict. Qu'en résulte-t-il? Que pour une partie importante de la course du piston, les diagrammes sont faussés par les tourbillons, et que par conséquent ils ne peuvent eux-mêmes plus servir à mettre en nombre les équations de M. Zeuner.

J'ai déjà présenté, et avec insistance, cette remarque dans mon travail précédent ; je me vois forcé d'y revenir, pour répondre à une critique qu'en fait M. Zeuner, en me prenant de rechef *a parte,* pour répondre en un mot à une personnalité.

« En ce qui concerne la remarque que j'ai faite : que les dia-
« grammes tracés par l'indicateur ne peuvent être considérés sur
« toute leur étendue comme des courbes d'état d'équilibre stable
« de la vapeur, Hirn se permet de dire : que la remarque est plus
« grave que je n'en avais moi-même conscience, qu'elle est mor-
« telle à toute théorie. — Cette dernière partie de l'assertion est
« une phrase vide (ou creuse) ; et en ce qui touche à la première
« partie, je ferai seulement observer que mon opinion repose sur
« une mûre réflexion et que je la maintiens telle quelle. »

Il est regrettable pour M. Zeuner, nous le reconnaîtrons bientôt, qu'il n'ait vu qu'une phrase vide dans une assertion qui, pour ma part, me semble presque naïve d'évidence. Le désir de trouver partout en défaut les vues des chercheurs alsaciens l'a conduit cette fois encore au delà du but. Il est bien clair, en effet, que si la pression est réduite par suite des tourbillons pendant la période d'admission, elle l'est pour le piston de la machine absolument comme pour celui de l'indicateur. Le moteur rend donc moins de travail que si les tourbillons n'existaient pas, et comme il est impossible à aucune théorie d'apprécier l'étendue de l'action de ceux-ci, il l'est aussi de déterminer *a priori* le travail de la période d'admission. — J'ai donc eu pleinement raison de dire que l'hypothèse de l'intervention des tourbillons rend toute théorie encore plus impossible. — M. Zeuner, il est vrai, se hâte d'ajouter :

« La pression relevée sur un diagramme d'indicateur, pour la
« fin d'admission par exemple, différera en général certes fort peu
« de la pression d'équilibre stable non mesurable directement, mais
« tout le cours, tout le caractère des courbes d'indicateur, surtout
« pour le passage de la période d'admission à celle d'expansion, ne
« répondent certes pas à un état d'équilibre stable ; on ne saurait
« rapporter en entier le mouvement tumultueux de la vapeur pen-
« dant l'admission dans le cylindre (mouvement qui se calme
« rapidement pendant l'expansion), à la différence de pression
« existant entre la chaudière et le cylindre ; mais on a à remarquer
« que les phénomènes qui précèdent la marche du piston doivent
« eux-mêmes influer sur la courbe d'admission. Le degré et l'étendue
« de la compression, l'énergie de l'afflut de vapeur, la grandeur
« des espaces que la vapeur trouve prêts, les circonstances du
« mouvement de la vapeur dans les tuyaux d'amener, tout cela
« certainement se trouvera exprimé sur la courbe d'admission. »

J'ai traduit l'alinéa précédent aussi fidèlement qu'il m'a été possible, non seulement, comme de raison, quant au sens, mais même quant à la forme des phrases, pour que le lecteur puisse apprécier les singulières réticences et les contradictions qu'il présente. — Si la différence entre la pression finale d'admission, relevée aux diagrammes, et la pression non mesurable d'équilibre stable est petite, pourquoi donc dire que les Alsaciens sont tombés dans des fautes de calcul énormes pour n'en avoir pas tenu compte ? Et si la courbe d'admission est modifiée, comme cela est bien évident d'ailleurs, par toutes les circonstances signalées par M. Zeuner, n'est-il pas tout aussi évident que la théorie *générique* échoue forcément dans l'appréciation correcte des effets du moteur?

Je me résume. Les quatre équations principales de M. Zeuner, d'ailleurs des plus élégantes et des plus correctes, tout en mettant en rapport algébrique précis les principales inconnues du problème, ne permettent en aucune façon de les déterminer *a priori*. L'intervention de l'expérience, conduite sous la forme la plus délicate, est encore absolument indispensable pour l'étude correcte de la machine à vapeur et pour l'emploi même des équations de M. Zeuner. J'ai dit, dès l'origine de mes travaux, que la théorie expérimentale est seule capable de nous mener au but en ce sens. Si quelqu'un a fait ressortir la convenance de l'expression, assez bizarre en apparence, de *Théorie expérimentale*, c'est certainement M. Zeuner, dans ses deux derniers travaux.

Je passe à la seconde de nos questions, qui est devenue prédominante dans la discussion, et qui pourtant, comme on vient de voir, n'y doit occuper que l'arrière-plan.

A quoi faut-il attribuer *principalement* la différence considérable qui existe entre les résultats expérimentaux et ceux que donne une théorie générique de la machine à vapeur? — Est-ce à l'intervention des pièces métalliques en contact avec la vapeur, comme le soutiennent depuis vingt-cinq ans les chercheurs alsaciens? Ou est-ce à la présence d'une provision d'eau en permanence dans les espaces nuisibles, comme le soutient M. Zeuner, depuis six ans à peine?

Il s'agit ici de ce que M. G. Schmidt, le savant professeur de Prague, a spirituellement et plaisamment nommé le thème : *de l'eau pour du fer;* thème qui a reçu maintes variations déjà, et qui vient d'être varié en *mode mineur,* par M. Zeuner.

J'ai indiqué à dessein des dates, parce que cela est important au point de vue de la forme tristement personnelle qu'a prise la discussion. — Jusqu'en 1875, époque de la publication de ma dernière Edition de Thermodynamique, M. Zeuner n'avait ni mentionné l'effet possible de l'eau en réserve dans les espaces nuisibles, ni encore bien moins tenu compte de l'influence des parois ; je renvoie à cet égard à ce qu'il dit lui-même (pages 11 et 12 de son travail critique de l'année dernière). Les parois n'interviennent dans les équations qu'à partir de ce dernier travail (1881). Il est donc évident que, dans mon Ouvrage de Thermodynamique notamment, je n'ai pu attaquer cette hypothèse de la présence de l'eau dans les espaces nuisibles, puisqu'elle n'avait pas encore reçu le jour. Depuis lors je n'ai plus eu l'occasion de m'occuper de la question autrement que dans une Lettre publiée dans un Mémoire de M. Leloutre, Lettre où j'indique pour la première fois une manière précise de reconnaitre si un piston de machine à vapeur est ou non hermétique, et de déterminer la valeur des fuites, s'il y en a. D'un autre côté, ni M. Leloutre, ni M. Hallauer, ni aucun des autres chercheurs alsaciens n'ont élevé la moindre objection critique contre les travaux de M. Zeuner. Ils ont toutefois, et *avec raison*, continué leurs travaux dans la voie correcte où ils étaient entrés. Comment donc M. Zeuner a-t-il pu, sans aucun motif plausible, se laisser aller à écrire dès son *avant-dernier travail critique* des phrases comme celle-ci (pages 28 et 29) :

« Pour maintenir debout ce fait : qu'au commencement de la « compression, le cylindre ne contient plus d'eau, on en est venu « à dire[1] que, dès le début de l'échappement de la vapeur et que « par suite du mouvement violent du fluide, toute l'eau présente « est emportée au condenseur. C'est là, en vérité, une manière « fort simple de se débarrasser de cette masse d'eau incommode « qui précisément influe le plus sur la valeur trouvée pour la quan- « tité de chaleur Q_c (ou notre refroidissement au condenseur R_c)! »

Une telle sentence n'a rien de commun avec la politesse ou l'impolitesse ; elle constitue tout simplement un acte d'accusation d'improbité scientifique, porté sans nul motif contre des travailleurs, tous indépendants, à qui il était fort indifférent de recourir à de

---

[1] Littéralement : « on s'est raccroché à la supposition que dès le début..... etc. »

l'eau ou à du fer pour une interprétation, et qui ne se préoccupaient absolument que d'arriver à une explication *correcte* des phénomènes. Chacun comprendra le sentiment d'indulgence qui, dans ma précédente réfutation, m'a empêché de stigmatiser un pareil jugement ; mais chacun aussi excusera et trouvera très naturelle la vivacité, parfaitement polie d'ailleurs dans les termes, avec laquelle j'ai défendu mes amis en cette occasion.

Si les chercheurs alsaciens n'admettent pas la possibilité de la présence d'une quantité notable d'eau dans les espaces nuisibles, c'est, entre autres raisons : 1° parce qu'observateurs avant tout, ils ont remarqué avec quelle rapidité sont expulsées en majeure partie les très petites portions de graisse qu'on introduit périodiquement au cylindre pour lubréfier le piston, et pourtant la graisse adhère bien plus au métal que l'eau ; 2° c'est parce qu'étant quelque peu physiciens, ils savent que de l'eau soumise à la pression minima répondant à la période de condensation, ne peut rester, sans bouillir vivement et sans enlever de la chaleur, sur une surface métallique à une température avoisinant celle de la vapeur à son arrivée au cylindre. La disparition de la presque totalité de l'eau qui pourrait se trouver dans les espaces nuisibles, est *un fait qui répond à la réalité des phénomènes,* et non pas simplement aux exigences des équations des Alsaciens, comme l'insinue M. Zeuner.

Je suis encore obligé, pour entrer dans le vif même de la question scientifique en litige, de m'arrêter à une autre des nombreuses personnalités dont fourmille le travail de M. Zeuner. Cette fois, c'est directement à moi que s'en prend l'éminent analyste.

« Dans mon précédent travail, j'ai donc expressément concédé « *(zugegeben)* l'influence des parois métalliques, mais en même « temps j'ai cherché à prouver que dans l'évaluation de cette « influence on ne saurait négliger celle des espaces nuisibles qui « l'accompagne. Hirn est par suite dans l'erreur lorsque, dans ses « objections, il m'attribue d'avoir avancé que l'influence des parois « est, relativement à celle des espaces nuisibles, trop petite pour « qu'on en tienne compte. Ainsi que le montrent d'ailleurs d'autres

« considérations, Hirn n'a en général pas lu attentivement et
« impartialement mon travail ; je puis donc m'épargner toute
« réponse ultérieure, dans cette question. »

Ayant dû traduire fidèlement, pour d'autres personnes, une
grande partie de la première critique de l'auteur, j'ai nécessairement lu avec attention, et, que M. Zeuner veuille bien en être
persuadé, j'ai lu sans prévention, comme j'ai lu et comme je lirai
toujours, ce qui sort de sa plume. — Sans doute, je n'ai pas compris ? Peut-être aussi n'ai-je pas su me faire comprendre ? — Je
ferai remarquer en premier lieu que partout où, dans ma réfutation,
je suppose l'action des parois absolument nulle, c'est moi-même
qui pose cette hypothèse, et que je ne l'attribue nullement à
M. Zeuner, bien que, d'après ce qu'on va voir, j'en eusse été
quelque peu en droit. En procédant ainsi, j'ai recouru simplement
à la démonstration *ab absurdo,* très permise sous cette forme restric-
tive. Je ferai remarquer, en second lieu, que ce n'est que dans son
travail critique de l'an passé que M. Zeuner a, *pour la première
fois, concédé (zugegeben)* l'influence des parois, et qu'en définitive le
point fondamental même de ce travail est de prouver que cette
influence est fort petite, peut-être nulle dans certains cas. Je cite au
hasard, pour le montrer :

« Si l'on tombe d'accord sur ce point (sur la présence d'une
« provision d'eau dans les espaces nuisibles), les calculs des Alsa-
« ciens sont fortement ébranlés, et l'énorme influence calorifique
« qu'ils attribuent aux parois des cylindres est désormais à attribuer
« en partie, peut-être pour la plus grande partie, à l'eau restée
« dans les espaces perdus. »

Cette phrase, qui se trouve à la fin du travail de M. Zeuner, est
déjà passablement catégorique. J'en cite une autre, plus décidée
encore. Après avoir établi la possibilité qu'il reste dans les espaces
nuisibles une quantité relative d'eau notable, agissant de façon à
diminuer la valeur effective de Q_c, le critique ajoute :

« … On peut même concevoir que, dans certains cas donnés,
« Q_c devienne nul. Dans ces circonstances, la masse d'eau restée

« dans l'espace perdu suffirait à elle seule pour rendre compte de la
« condensation notable qui a lieu pendant l'admission. »

(Il est évident en effet que si les parois ne cèdent rien pendant la
condensation, il n'y a plus aucune raison imaginable pour admettre
qu'elles prennent quelque chose pendant l'admission et le cèdent
pendant la détente.)

Si l'on met toutes ces conclusions en parallèle avec l'accusation
au moins étrange portée contre moi dans le premier alinéa ci-dessus,
on est bien obligé d'avouer que je ne suis coupable que d'avoir
trop cru M. Zeuner sur parole, en ce qui concerne sa première
opinion sur l'influence des parois. Il est très permis d'admettre que
l'éminent analyste, en portant ses regards sur les divers cas que
nous analysons et dont il n'a pas su réfuter une seule des conclusions, aura senti son opinion ébranlée, et que l'action des parois,
qu'il jugeait jadis très petite, s'il ne la niait absolument, aura
grandi à ses propres yeux, assez pour qu'il se voie amené maintenant à se défendre de l'avoir naguère formellement niée.

Pour répondre au reproche que nous fait M. Zeuner, tacitement
à moi, et ouvertement à M. Hallauer, d'avoir violé les principes de
la Thermodynamique, je vais introduire dans les équations mêmes
du critique les données de l'une, et précisément de la plus favorable
aux vues de M. Zeuner, des expériences que j'ai analysées dans
mon précédent travail. Le lecteur jugera ainsi le mieux par lui-
même si les conclusions auxquelles je suis arrivé étaient frappées
d'erreurs aussi monstrueuses que le dit notre critique.

Je prends l'exemple cité, page 326 du Bulletin de la Société
industrielle de Mulhouse et page 18 de notre tirage à part. En
adoptant toutes les désignations de M. Zeuner, nous avons ici :

Pression dans la chaudière.... $P = 4^{atm},5$, $t = 148°,29,$

Pression d'admission au cylindre $p_1 = 3^{atm},656$, $t_1 = 140°,78,$ $\gamma_1 = 2^k,048$,

Pression de fin de détente..... $p_2 = 0^{atm},939$, $t_2 = 98°,24,$ $\gamma_2 = 0^k,5713,$

Contre-pression............ $0^{atm},352$, $t_3 = 73°,2$, $\gamma_0 = \gamma_3 = 0^k,2273,$

Dépense totale............. $G = 0^{kil},3732,$

Dépense en vapeur .... $m = 0^{kil},3626,$

Dépense en eau vésiculaire.. .$(G - m) = 0^{kil},0106,$

Poids de vapeur à la fin de l'admission. $(G + G_0)\, x_1 = m_1 = 0,1259\ \gamma_1 = 0^k,2578,$

Poids de vapeur à la fin de la détente... $(G + G_0)\, x_2 = m_2 = 0,4903\ \gamma_2 = 0^k,2801,$

Poids de vapeur dans les espaces nuisibles $G_0 r_0 = G_0 r_3 = m_0 = 0^{m3},005\ \gamma_0 = 0^k,00114,$

Poids d'eau injectée.............. $G_1 = 9,514,\ t_4 = q_4 = 32,73,\ t_1 = q_1 = 11°,8.$

Valeur des autres termes usuels :

$$\lambda = 606,5 + 0,305 . 148,29 = 651^{cal},73 \qquad , \qquad q = 149°,71 \qquad ,$$
$$\varrho_1 = 464^{cal},- \qquad , \qquad q_1 = 142°,01 \qquad ,$$
$$\varrho_2 = 497^{cal},32 \qquad , \qquad q_2 = 98°,72 \qquad ,$$
$$\varrho_3 = \varrho_0 = 517^{cal},62, \qquad q_3 = q_0 = 73°,42,$$

Travail d'admission en calories......................... $L_a = 12^c,01,$

Travail de la détente. .... $L_b = 15^c,84,$

Travail de contre-pression .... $L_c = 4^c,19,$

Travail de compression.......... .... $L_d = 0.$

$$G\lambda = 0,3626 . 651,73 + 149,71 . 0,0106 = 237,9,$$
$$Q_v = Q_v' + Q_v'' = 1^c,25 + 1^c,25 = 2^c,5.$$

Par suite du réglage des tiroirs d'échappement, à l'époque des expériences, la vapeur s'échappait presque jusqu'à la fin de la course du piston; il n'y avait *aucune compression perceptible* sur les diagrammes; on a donc: $p_3 = 0,\ L_d = 0,\ Q_d = 0.$ La quatrième équation de M. Zeuner, relative à cette compression finale, *s'annule* donc ici. — En ce qui concerne la valeur de G_0 ou de la provision d'eau des espaces nuisibles, j'ai fait ici l'hypothèse la plus favorable à la manière de voir de M. Zeuner, j'ai admis qu'au moment de l'ouverture du tiroir d'admission la vapeur en réserve se trouve à la température de condensation, soit à très peu près $73°,2,$ d'où il résulte $G_0 x_0 = G_0 x_3 = m_0.$ On ne saurait, sans tomber dans l'impossible, admettre une température inférieure.

En introduisant toutes ces données numériques dans les équations de M. Zeuner, après en avoir ouvert les parenthèses, on trouve :

(I) $\qquad L_a + Q_a + Q'_v = G\lambda + G_0 q_0 + m_0 \varrho_0 - G q_1 - G_0 q_1 - m_1 \varrho_1.$[1]

$12,01 + 1,25 + Q_a = 237,9 - G_0 (142,01 - 73,42) + 0,00114 . 517,62 - 0,3732.$
$$142,01 - 0,2578 . 464.$$

---

[1] Pour déterminer m_0, j'ai posé
$$m_0 = W_0\, \gamma_0,$$
γ_0 étant la densité de la vapeur et W_0 la valeur de l'espace perdu. Il est évident

$$(\text{II}) \qquad L_b - Q_b + Q_v'' = G q_1 + G_0 q_1 + m_1 \varrho_1 - G q_2 - G_0 q_2 - m_2 \varrho_2.$$

$$15,84 + 1,25 - Q_b = 0,3732 . 142,01 + G_0 (142,01 - 98,72) + 0,2578 . 464 - 0,3732 .$$
$$98,72 - 0,2801 . 497,32.$$

$$(\text{III}) \quad L_c + Q_c = G q_4 + G_1 (q_4 - q_1) + G_0 q_0 + m_0 \varrho_0 - G q_2 - G_0 q_2 - m_2 \varrho_v.$$

$$4,19 + Q_c = - 0,3732 (98,72 - 32,73) + 9,514 (32,73 - 11,81) - G_0 (98,72 - 73,42)$$
$$+ 0,00114 . 517,62 - 0,2801 . 497,32.$$

J'ai à dessein laissé les divers produits isolés et en leur place, pour que le lecteur se rende compte du sens qu'ils ont dans l'ensemble. En achevant les calculs possibles, on arrive à ces trois équations fort simples :

$$\begin{aligned}
Q_a &= 52^{\text{cal}},61 - 68,59\,G_0 \\
Q_b &= 21^{\text{cal}},07 - 43,29\,G_0 \qquad \text{soit} \\
Q_c &= 31^{\text{cal}},5 \; - 25,3\,G_0
\end{aligned}
\qquad \left\{ \begin{aligned}
(Q_a + 68,59\,G_0) &= 52^{\text{cal}},61, \\
(Q_b + 43,29\,G_0) &= 21^{\text{cal}},07, \\
(Q_c + 25,3\;G_0) &= 31^{\text{cal}},5.
\end{aligned} \right.$$

Dans la première, le nombre $52^{\text{cal}},61$, ou somme des deux indéterminées Q_a et $68,59\,G_0$, exprime la valeur précise de la quantité de chaleur cédée par la vapeur pendant l'admission, aux parois et à la provision hypothétique d'eau présente G_0. Dans mon précédent travail et par une méthode de calcul un peu différente, j'avais trouvé $53^{\text{cal}},45$; la différence est $0^{\text{cal}},84$. C'est ici, soit dit en passant, une de ces *erreurs énormes* de calcul que j'ai commises en violant, paraît-il, les principes de la Thermodynamique ! Il est vrai que c'est une des plus fortes de l'espèce.

Dans la seconde équation, le nombre précis $21^{\text{cal}},07$ répondant à la somme des indéterminées Q_b et $43,29\,G_0$, indique la quantité

---

que ceci est la valeur maxima de m_0. En désignant par w_0 le volume spécifique de l'eau à l_3, on a, rigoureusement,

$$\left(W_0 - (G_0 - m_0)\,w_0 \right) \gamma_0 = m_0,$$

d'où

$$(W_0 - G_0\,w_0)\,\gamma_0 = m_0 (1 - w_0\,\gamma_0)$$

et

$$m_0 = \frac{(W_0 - G_0\,w_0)\,\gamma_0}{1 - w_0\,\gamma_0},$$

m_0 varie donc avec G_0 et ne peut que diminuer à mesure que G_0 grandit. Mais la valeur maxima de m_0 et même le produit $m_0\,\varrho_0$ étant presque insignifiant dans l'équation générale, il n'y a pas lieu de tenir compte de la variabilité de m_0 en fonction de G_0.

de chaleur cédée à la vapeur de la détente par les parois et la provision hypothétique G_0.

Enfin la troisième équation nous donne la valeur précise $31^{cal},5$ de la perte au condenseur, due aux parois et à l'eau en réserve.

L'inspection même superficielle de ces équations, appropriées ici numériquement au cas particulier d'une expérience exacte, nous suggère un grand nombre de remarques utiles.

I. Nous voyons en premier lieu que les termes G_0, Q_a, Q_b, Q_c sont non seulement indéterminés, mais, pour le moment, indéterminables *a priori*. La théorie, appuyée sur les nombres expérimentaux, ne nous donne que les sommes entre parenthèse, et non la valeur de l'un ou l'autre composants, isolé. — En ce sens, comme je l'ai fait remarquer avec insistance à la fin de mon dernier travail, il est assez indifférent, au point de vue de la pratique de la machine, que ce soit à l'eau ou au métal que soient dues les perturbations, puisque la théorie ne nous fournit aucun moyen de les distinguer, ni surtout de les empêcher d'avoir lieu.

II. Un fait essentiel cependant ressort de ces équations. — Bien que les valeurs relatives de G_0 et de Q_a, Q_b, Q_c, soient *algébriquement* arbitraires, elles ne le sont nullement *physiquement*. Nous pouvons en effet, sans aboutir à aucune impossibilité, à aucune contradiction, poser $G_0 = m_0$, d'où $G_0 - m_0 = o$, c'est-à-dire supposer nulle la provision d'eau et n'admettre qu'un peu de vapeur sèche dans les espaces perdus ; nous avons ainsi :

$$Q_a + 68,59 . 0,00112 = Q_a + 0,08 = 52,61, \qquad Q_a = 52^c,53,$$
$$Q_b + 43,29 . 0,00112 = Q_b + 0,05 = 21,07, \qquad Q_b = 21^c,02,$$
$$Q_c + 25,3 . 0,00112 = Q_c + 0,03 = 31,5. \qquad Q_c = 31^c,47.$$

Mais nous ne saurions de même poser $Q_a = 0$, $Q_b = 0$, $Q_c = 0$, c'est-à-dire annuler par hypothèse l'influence du métal des parois, car nous arrivons par là à trois valeurs très différentes pour G_0, à savoir :

$$G_0 = 0^k,767,$$
$$G_0 = 0^k,487,$$
$$G_0 = 1^k,245.$$

III. Il suit de là que, fort loin de réfuter ou même seulement de réduire à une valeur minime l'influence des parois métalliques, les équations de M. Zeuner, appliquées au cas d'une machine, marchant avec vapeur *humide*, mettent en relief la réalité de cette influence. Elles ne nous permettent pas, il est vrai, de fixer la valeur précise des deux termes G_o et Q, mais elles nous conduisent du moins à des valeurs limites minima, pourvu que nous restions physiciens, en nous en servant. C'est ce que je vais montrer de suite.

Comme la température des parois s'approche en moyenne plus de celle de la vapeur pendant la détente que pendant la période d'admission et d'évacuation, on peut, sans contre-sens trop flagrant, poser $Q_b = 0$; il vient ainsi : $G_o = 0^k,487$, et par suite

$$Q_a = 19^c,21,$$
$$Q_c = 19^c,18.$$

Ces valeurs sont encore fort notables; mais allons plus loin, admettons que, même pendant la détente, les parois, au lieu de céder de la chaleur, en reçoivent, et précisément *autant* que pendant l'admission.!! Dans cette hypothèse, qui se réalise parfois, quoique à un degré beaucoup moindre que nous ne le supposons ici, le terme Q_b de la seconde équation devient naturellement négatif; on a, en un mot :

$$- Q_b + 43,29\ G_o = 21,07,$$

d'où, puisque nous faisons $Q_a = Q_b$,

$$Q_a - Q_b = 111,88\ G_o - 73,68$$

et, par suite, $G_o = 0^k,65856$. Il vient ainsi :

$$Q_a = +\quad 7^c,44,$$
$$Q_b = +\quad 7^c,44,$$
$$Q_c = \quad 14^c,88,$$

puisque nous avons ici $Q_a + Q_b = Q_c$, et non plus $Q_a - Q_b = Q_c$.

Ainsi, dans l'hypothèse, inadmissible physiquement dans la mesure indiquée $Q_a = Q_b$, qui nous donne les moindres valeurs pour Q_a et pour Q_b, la valeur de Q_c est encore presque égale à celle du produit $0^k,65856.25,3$, exprimant l'action de l'eau en réserve.

IV. « .....On peut même concevoir, dit M. Zeuner, que dans

« certains cas donnés, Q_c devienne nul..... » Voyons si nous nous trouvons dans un de ces cas particuliers, jusqu'ici inconnus en Physique, où de l'eau à 73° se tiendrait, sans bouillir et sans enlever de chaleur, sur une surface métallique à 120°, et où de la vapeur, saturée à 140°, se tiendrait, sans se condenser, sans lâcher de chaleur, en contact avec des parois à 120°. Posons $Q_c = 0$ et introduisons la valeur trouvée pour G_0 dans les deux premières équations ; il vient :

$$Q_a = -32^c,78,$$
$$Q_b = +32^c,78,$$

ce qui nous apprend que pendant l'admission, les parois auraient émis $32^{cal},78$ pour les reprendre pendant la détente. Je pense n'avoir pas à discuter un pareil fait. Il est clair que nous ne nous trouvions pas dans un de ces cas particuliers, possibles d'après M. Zeuner. Il était bon néanmoins de s'en assurer.

J'ai pris à dessein l'exemple précédent, parce qu'il est visiblement le plus favorable à l'hypothèse de la présence d'une certaine quantité G_0 d'eau, en provision permanente dans les espaces nuisibles. Je pourrais m'y borner à la rigueur, car toutes les expériences de ce genre donneraient les mêmes résultats généraux. Toutefois, comme je tiens à ce que le présent travail ait encore, ainsi que le précédent, un caractère d'utilité autre que celui d'une simple réponse à une critique, je vais analyser simultanément, et à l'aide des équations mêmes de M. Zeuner, deux autres expériences faites sur la même machine, mais avec vapeur surchauffée. — Pour procéder avec fruit à cette analyse, je dois commencer par examiner de plus près la structure des équations de M. Zeuner. — J'ouvre pour cela les parenthèses et je change la position des termes, de telle sorte que tous les facteurs connus expérimentalement se trouvent dans le membre droit des équations. Il vient ainsi pour les trois premières équations :

(I) $Q_a + G_0(q_1 - q_0) = G(\lambda - q_1) + m_0\varrho_0 - m_1\varrho_1 - L_a - Q'_c,$

(II) $\mp Q_b - G_0(q_1 - q_2) = G(q_1 - q_2) + m_1\varrho_1 - m_2\varrho_2 - L_b - Q''_c,$

(III) $Q_c + G_0(q_2 - q_0) = G_1(q_4 - q_1) - G(q_2 - q_4) + m_0\varrho_0 - m_2\varrho_2 - L_c.$

Ainsi que je l'ai déjà dit : à l'époque des essais en question, le tiroir d'échappement restait ouvert presque jusqu'au bout de la course du piston, et il n'y avait aucune compression *appréciable* de vapeur après la fermeture de ce tiroir : je laisse donc encore une fois de côté la quatrième équation, relative à la compression finale de la vapeur. Dans ces conditions, on a visiblement :

$$G_0\, x_3 = G_0\, x_0 = m_0 = \gamma_0\ W_0.$$

Pour rester, comme plus haut, aussi favorable que possible à l'hypothèse $(G_0 - m_0) > 0$, j'admettrai encore que la densité de la vapeur dans l'espace nuisible au moment où l'admission commence, est celle qui répond à la température t_3 de la vapeur à la fin de l'expulsion, et que G_0 se trouve aussi à cette température ; je renvoie d'ailleurs, quant à la valeur de m_0, à la note (page 22).

Dans son travail, M. Zeuner admet que, pendant la détente, les parois cèdent *toujours* de la chaleur, si peu que ce soit d'ailleurs, à la vapeur, et il donne en conséquence à Q_b le signe — ; je me suis permis d'écrire $\mp Q_b$, parce que, comme nous allons voir, il y a des cas où, au contraire, la vapeur cède considérablement de chaleur pendant l'acte même de la détente. Je discuterai du reste, en temps et lieu, cette question de signe algébrique de Q_b.

Dans les membres droits de ces équations, nous connaissons, soit par la pesée, soit par le thermomètre, soit par les diagrammes, les valeurs de tous les facteurs qui y figurent. Dans les membres gauches, nous connaissons aussi les différences renfermées entre les petites parenthèses et facteurs de G_0. Nous pouvons, en un mot, mettre ces équations, en y ajoutant la quatrième, sous la forme :

$$\begin{aligned}
(Q_a + a\,G_0) &= A , \\
(Q_b + b\,G_0) &= B , \\
(Q_c + c\,G_0) &= R_c = C, \\
(Q_d + d\,G_0) &= D ,
\end{aligned}$$

où A, B, C, D et a, b, c, d sont connus expérimentalement, mais où nous ne connaissons ni G_0 ni Q avec ses divers indices ; nous avons donc toujours ici quatre inconnues pour trois équations. Eussions-nous même laissé la quatrième équation, relative à la compression finale de la vapeur, que nous aurions cinq inconnues pour quatre équations. Ce n'est toutefois pas là la seule raison pour laquelle j'ai réuni ces termes du côté gauche. Au point de vue où s'est placé M. Zeuner, G_0 avec ses facteurs joue exactement le même rôle que Q. Ce produit remplit en partie l'office du fer des expérimentateurs alsaciens, à une différence capitale près que je signalerai tout à l'heure. Je dis que ces termes jouent le même rôle. Et cela est évident. La somme $\left(Q_c + G_0 (q_2 - q_0)\right)$ par exemple représente la quantité de chaleur envoyée à chaque coup de piston en pure perte au condenseur; elle répond, non seulement algébriquement, mais physiquement au R_c des Alsaciens. Pour le théoricien, il est extrêmement intéressant de savoir qui l'emporte dans la parenthèse de Q_c ou de $G_0 (q_2 - q_0)$, et c'est précisément ce que je suis occupé à chercher encore une fois dans ce Mémoire; pour le propriétaire d'une machine à vapeur, cela est absolument indifférent; la perte de houille qu'il éprouve est donnée par la somme entière entre parenthèse; peu importe maintenant que cette perte parte de G_0 ou du fer des parois. Nous pouvons, sans jouer sur les mots, dire que l'ennemi est renfermé dans la parenthèse. — Avant de continuer cette discussion et pour la rendre plus saisissable, je donne de suite les valeurs de tous les éléments relevés dans les deux expériences que j'ai mentionnées. (Voir pages 29 et 30.)

En remplaçant respectivement les lettres de nos trois équations par les nombres qui leur correspondent et achevant les calculs indiqués et possibles, on arrive aux six équations suivantes :

<table>
<tr><td>PREMIÈRE EXPÉRIENCE.</td><td>DEUXIÈME EXPÉRIENCE.</td></tr>
<tr><td>Valve ouverte; course d'admission 248 : 1000</td><td>Valve en partie fermée; course d'admission 448 : 1000</td></tr>
</table>

PREMIÈRE EXPÉRIENCE — Valve ouverte; course d'admission 248 : 1000

$$(\text{I}) \qquad Q_a + 72{,}56\, G_0 = 16^c{,}52,$$
$$(\text{II}) \qquad -(Q_b + 48{,}59\, G_0) = -5^c{,}65,$$
$$(\text{III}) \qquad Q_c + 23{,}97\, G_0 = 10^c{,}28.$$

DEUXIÈME EXPÉRIENCE — Valve en partie fermée; course d'admission 448 : 1000

$$(\text{I}) \qquad Q_a + 66{,}21\, G_0 = 8^c{,}62,$$
$$(\text{II}) \qquad -Q_b + 30{,}19\, G_0 = -9^c{,}95,$$
$$(\text{III}) \qquad Q_c + 36{,}02\, G_0 = 19^c{,}59.$$

PREMIÈRE EXPÉRIENCE.

Valve d'admission ouverte.

$$P \quad = 4^{\text{atm}},7320 \equiv 4^{\text{k}},89 \quad \equiv 3^{\text{m}},5966, \quad t = 150°,15,$$
$$p_1 \quad = 4^{\text{atm}},1081 \equiv 4^{\text{k}},2449 \equiv 3^{\text{m}},1222, \quad t_1 = 144,95,$$
$$p_2 \quad = 0^{\text{atm}},9054 \equiv 0^{\text{k}},9355 \equiv 0^{\text{m}},6881, \quad t_2 = 97,24,$$
$$p_0 \quad = 0^{\text{atm}},3564 \equiv 0^{\text{c}},3683 \equiv 0^{\text{m}},2709, \quad t_3 = 73,50,$$
$$(L\,S + e) = 0,28496 . 0,4243 + 0,005 = 0,1259,$$
$$G \quad = 0^{\text{k}},29861,$$
$$m_1 \quad = 2^{\text{k}},28527 . 0,1259 = 0^{\text{k}},28772,$$
$$m_2 \quad = 0^{\text{k}},55206 . 0,4903 = 0^{\text{k}},27067,$$
$$m_0 \quad = 0^{\text{k}},23 \quad . 0,005 \quad = 0^{\text{k}},00115,$$
$$G_i \quad = 9^{\text{k}},4393,$$
$$G_i \delta q = 9^{\text{k}},4393 \, (30,65 - 12,7) = 169^{\text{c}},44,$$
$$\lambda \quad = 691^{\text{c}},22,$$
$$\rho_1 \quad = 460^{\text{c}},64,$$
$$\rho_2 \quad = 498^{\text{c}},51,$$
$$\rho_0 \quad = 517^{\text{c}},38,$$
$$q_1 \quad = 146^{\text{c}},29,$$
$$q_2 \quad = 97^{\text{c}},7 \ ,$$
$$q_0 \quad = 73^{\text{c}},73,$$
$$L_a \quad = 13^{\text{c}},01,$$
$$L_b \quad = 16^{\text{c}},52,$$
$$L_c \quad = 4^{\text{c}},21,$$
$$L_d \quad = 0^{\text{c}} \quad ,$$
$$A\,F \quad = 25^{\text{c}},33,$$
$$U_1 \quad = 176^{\text{c}},22,$$
$$U_2 \quad = 164^{\text{c}},03.$$

DEUXIÈME EXPÉRIENCE.

Valve en partie fermée. Vapeur étranglée.

$$P = 4^{atm},6525 = 4^k,8075 = 3^m,5359, \quad t = 149°,52,$$
$$p_1 = 2^{atm},2327 = 2^k,3070 = 1^m,6968, \quad t_1 = 124,11,$$
$$p_2 = 0^{atm},8146 = 0^k,8447 = 0^m,6191, \quad t_2 = 94,37,$$
$$p_0 = 0^{atm},1839 = 0^k,1900 = 0^m,1397, \quad t_3 = 58,65,$$
$$(L\,S - e) = 0,28496 . 0,7629 + 0,005 = 0,2224.$$
$$G = 0^k,2822,$$
$$m_1 = 0^k,2822,$$
$$m_2 = 0^k,4999 . 0,4903 = 0^k,2451,$$
$$m_0 = 0^k,1235 . 0,005 = 0^k,0006,$$
$$G_i = 8^k,598,$$
$$G_i \delta q = 8^k,598 \, (35,26 - 16,5) = 161^c,30,$$
$$\lambda = 687^c,41$$
$$\rho_1 = 477^c,18,$$
$$\rho_2 = 500^c,77,$$
$$\rho_0 = 529^c,23,$$
$$q_1 = 124^c,99,$$
$$q_2 = 98^c,8 ,$$
$$q_0 = 58^c,78,$$
$$L_a = 14^c,79,$$
$$L_b = 9^c,24,$$
$$L_c = 2^c,17,$$
$$L_d = 0^c ,$$
$$AF = 21^c,86,$$
$$U_1 = 169^c,94,$$
$$U_2 = 149^c,42.$$

Un regard même superficiel sur ces deux ordres d'équations nous montre la différence capitale qui existe entre elles.

L'équation (I) nous apprend que, dans la première expérience, la quantité de chaleur cédée par la vapeur pendant l'admission, soit au fer Q_a, soit à l'eau G_0, s'élève à $16^c,52$, tandis qu'elle n'est que de $8^c,62$ dans la seconde expérience. Au contraire, la quantité $(Q_c + 23,97\,G_0) = R_c$ envoyée en pure perte au condenseur est de $10^c,28$ dans la première expérience et $19^c,59$ (ou presque le double) dans la seconde expérience. Mais le fait le plus frappant est celui que met en relief l'équation (II). Dans la première expérience, nous voyons le membre gauche garder le même signe négatif que le membre droit, ce qui nous apprend que le fer et l'eau ont *restitué* de la chaleur (une somme $5^c,65$) pendant la détente, ainsi que l'a admis en thèse générale M. Zeuner. Dans la seconde expérience, au contraire, nous voyons que, tandis que le membre gauche reste négatif, le membre droit est devenu positif. Ce renversement de signe nous apprend que, loin de recevoir, comme précédemment, de la chaleur pendant la détente, la vapeur en a au contraire cédé une somme fort considérable $(9^c,95)$. Ici, comme on va voir, l'Algèbre pure se sépare formellement de la Physique mathématique. Comme algébristes, nous pouvons écrire indifféremment :
$$- Q_b - 30,19\,G_0 = + 9,95 \quad \text{ou} \quad + Q_b + 30,19\,G_0 = - 9,95.$$
Comme physiciens, nous ne pouvons pas un instant laisser à Q_b le même signe qu'à $30,19\,G_0$. Dans ce dernier terme, en effet, q_0 répond à l'état initial de la vapeur, et q_2 à l'état final, et comme q_0 est nécessairement plus petit que q_2, le produit de la différence par G_0 implique forcément toujours une *cession* de chaleur. En d'autres termes, il est rigoureusement impossible que la provision G_0 *reçoive* de la chaleur pendant la détente ; elle ne peut qu'en céder. Il suit de là que, comme physiciens, nous devons écrire :
$$Q_b - 30,19\,G_0 = 9^c,95.$$
Et il résulte de là aussi que plus nous ferons G_0 grand, plus nous serons obligés de grandir Q_b pour maintenir la différence $9^c,95$. Si j'ai su m'énoncer clairement, il me semble que les considérations

que je viens de présenter font ressortir nettement la différence profonde qui existe entre les Mathématiques pures et la Physique mathématique. — Sans faire aucune Algèbre, il est visible que la provision d'eau G_0, qui, pendant l'admission, se trouve portée à une température en toute hypothèse supérieure à t_2 et plutôt égale à t_1, ne peut, pendant la détente, s'emparer d'une quantité quelconque de chaleur à la vapeur à t, qui, dès que la détente commence, tombe au-dessous de t_1. Cette provision ne peut que céder de la chaleur et jamais en prendre définitivement pendant l'acte de la détente. Il s'ensuit que, quand la vapeur cède de la chaleur pendant la détente, comme c'est le cas de la seconde expérience, cette cession ne peut se faire qu'au métal, et que plus nous supposons grande la provision d'eau, plus nous sommes alors obligés de grandir la quantité prise par les parois. Nous sommes ainsi positivement en droit d'affirmer que, dans la seconde expérience, la provision d'eau présente était simplement la vapeur m_0, soit environ $0^k,0006$.

Et maintenant d'où dérive ce changement de signe d'une expérience à l'autre, dans l'équation (II)? En d'autres termes, d'où vient-il que, dans un cas, les parois cèdent de la chaleur pendant la détente, tandis que dans l'autre cas elles en reçoivent, et en quantité notable? D'une raison très simple. Dans la première expérience, les parois se trouvent en contact avec de la vapeur à près de 145° pendant l'admission, tandis que dans la seconde expérience (avec vapeur *étranglée*), la température n'est que de 124°. La température des parois s'élève donc notablement plus dans le premier cas que dans le second, et comme, dès que la détente commence, la température baisse, les parois peuvent céder une partie de ce qu'elles ont reçu. Je dis : une raison très simple. Quelle est pourtant l'analyse qui pourra déterminer *a priori* des effets aussi considérables résultant d'une cause aussi peu importante en apparence? L'analyste n'est-il pas obligé d'en appeler sans cesse ici à l'expérience, exécutée sous la forme la plus précise?

Les deux expériences que je viens de citer me semblent mettre en évidence complète la difficulté immense, disons, l'impossibilité d'établir une théorie qui nous permette de prévoir, en dehors de l'expérience, les détails les plus intéressants des fonctions de la machine à vapeur ; la seconde expérience, tout *au moins comme cas particulier,* nous conduit à rejeter absolument l'existence d'une provision notable d'eau en permanence dans les espaces nuisibles ; et en analysant la première, nous arrivons encore aux mêmes résultats. Posons en effet $Q_a = 0$, c'est-à-dire supposons que les parois ne reçoivent ni ne perdent rien pendant l'admission, il vient :

$$G_0 = 0^k,22767 ;$$

introduisant cette valeur dans les équations (II) et (III), nous avons :

$$Q_b + 11,06 = 5^c,65, \qquad Q_b = -5^c,41,$$
$$Q_c + 5,46 = 10^c,28, \qquad Q_c = 4^c,82,$$

c'est-à-dire que pendant la détente, les parois *recevraient* $5^c,41$ pour restituer $4^c,82$ pendant l'échappement au condenseur. Ce phénomène est physiquement impossible. Posons $Q_b = 0$, c'est-à-dire supposons l'action des parois nulle *pendant la détente,* ce qui, après tout, serait possible. Il vient :

$$G_0 = 0^k,11628 ;$$

introduisant cette valeur dans les équations (I) et (III), nous trouvons :

$$Q_a + 8,44 = 16^c,52,$$
$$Q_c + 2,79 = 10^c,28,$$

ce qui nous apprend que, dans ce cas même, les parois entreraient pour une quote-part aussi grande que l'eau dans les résultats. Enfin, posons $Q_c = 0$, c'est-à-dire supposons que les parois ne cèdent rien pendant l'évacuation au condenseur. Il vient :

$$G_0 = 0^k,42887,$$

d'où

$$Q_a + 31,12 = 16^c,52, \qquad Q_a = -14^c,60,$$
$$Q_b + 20,84 = 5^c,65, \qquad Q_b = -15^c,19 ;$$

ceci nous apprend que les parois céderaient $14^c,60$ pendant l'admission, pour reprendre $15^c,19$ pendant la détente. Un tel résultat ne se discute plus.

Je n'ai pas besoin de faire remarquer que l'équation (III) est de fait la différence des deux premières, et que par suite, dans ce dernier exemple, on devrait avoir $Q_a = Q_b$. La petite différence, ainsi que dans les autres cas, dérive de fautes expérimentales.

J'en arrive à la partie la plus regrettable de la critique de M. Zeuner. Elle frappe en plein Hallauer et ne m'atteint que par contre-coup, par suite de la sanction que j'ai donnée aux travaux de mon ami. Je puis donc y répondre en toute indépendance; si je suis obligé ici de me montrer sévère, on remarquera que M. Zeuner l'a voulu.

Pour montrer que, quoique incontestable en principe, l'influence des tourbillons, sur les phénomènes de l'admission de la vapeur au cylindre, est du moins minime expérimentalement, Hallauer a établi deux équations parfaitement distinctes, à l'aide desquelles on peut déterminer la valeur du refroidissement au condenseur, la valeur de R_c. L'une de ces équations dérive toute entière des expériences faites sur l'eau de condensation de la machine, d'après la méthode que j'ai fait connaître depuis longtemps; elle ne renferme absolument que des valeurs numériques répondant à l'état de la vapeur à la fin de la course du piston, période où, d'après M. Zeuner lui-même, l'action des tourbillons est devenue nulle. L'autre équation, au contraire, renferme plusieurs termes qui répondent à l'état de la vapeur *pendant l'admission*, c'est-à-dire pendant la période où, d'après M. Zeuner, l'influence des tourbillons est telle qu'elle a faussé tous les calculs des Alsaciens, relatifs au poids de vapeur admis au cylindre. Elle renferme, en un mot, des valeurs calculées d'après la pression finale p_1 de l'admission, mesurée sur les diagrammes, *pression fausse par hypothèse*. De ce seul exposé il découle avec évidence que si les deux équations donnent pour R_c des valeurs identiques, on pourra en conclure que la pression mesurée était juste et que l'influence des tourbillons est négligeable; si, au contraire, elles donnent des valeurs différentes, on en conclura que l'influence des tourbillons ne saurait être négligée, et la grandeur de la différence des deux valeurs trouvées pour R_c donnera une idée de celle de cette influence perturbatrice. Il va sans dire

que les résultats obtenus vérifient complétement la première assertion, à savoir que l'action des tourbillons est expérimentalement
inappréciable. — Tout juge compétent et impartial dira avec moi
que la méthode de vérification imaginée par Hallauer, constitue un
progrès réel dans la Physique appliquée, dans la Mécanique industrielle, puisqu'elle permet de jauger en quelque sorte le degré
d'exactitude des expériences que l'on a exécutées sur un moteur.
Telle n'est point, il s'en faut, l'opinion de M. Zeuner. Je laisse ici
parler notre critique ; mais comme son argumentation se trouvera
répétée en entier dans la réponse de Hallauer, je n'en donne que
la péroraison, pour ne pas trop enfreindre pourtant l'adage du Code
romain.

« .....On reconnaît par là qu'en ce qui concerne les calculs et
« la discussion des expériences, Hallauer *flotte complétement dans*
« *le· vague (im Unklaren schwebt)* ; mais particulièrement diver-
« tissante *(ergötzlich)* est la faute qu'il commet lorsqu'il prétend
« déterminer l'influence perturbatrice des tourbillons pendant
« l'admission, à l'aide de deux équations d'où ont complétement
« disparu les valeurs des grandeurs répondant à cette influence ![1]
« Et c'est à une semblable exposition que Hirn donne sa pleine
« approbation ; alors qu'il rend encore le lecteur particulièrement
« attentif à ce *beau* travail et ajoute : « Le résumé de M. Hallauer
« restera désormais inséparable de tout travail qui aura la prétention
« d'établir la théorie de la machine à vapeur sans heurter trop
« violemment les faits. » — Voilà en vérité une perspective réjouis-
« sante pour notre future théorie des machines à vapeur !! »

On le voit, rien ne manque plus à la critique, ni la gaîté, ni
l'ironie. Peu généreuses, quand on est même sûr d'être parfaitement
dans la vérité, de pareilles railleries retombent en plein sur celui qui
y recourt, lorsqu'il se trompe aussi gravement que le fait en ce cas
M. Zeuner. — Je laisserai Hallauer réfuter algébriquement et longuement son contradicteur ; je me bornerai, pour ma part, à le

---

[1] Cette phrase n'est point traduite mot à mot, mais elle l'est rigoureusement et
clairement quant au sens.

réfuter en langage ordinaire, à la portée de chacun. Il me sera facile de montrer que l'éminent analyste s'est trompé cette fois, en confondant un problème de Physique mathématique avec un problème de Mathématiques pures.

Toute l'argumentation de M. Zeuner consiste à dire que les deux équations à l'aide desquelles Hallauer prétend vérifier la valeur de R_c et, par suite, l'influence ou la non-influence des tourbillons, que ces deux équations, dis-je, sont *identiques,* et que par conséquent les différences entre les valeurs qu'elles donneraient ne pourraient dériver que de fautes de calcul, que l'identité des valeurs au contraire ne prouve rien du tout. Cette conclusion serait évidente, si *l'identité* en question était démontrée. Pour l'établir, M. Zeuner part encore de deux faits parfaitement corrects, à savoir : 1° que dans une machine à vapeur arrivée à un régime stable, les parois du cylindre restituent intégralement pendant la détente et la condensation ce qu'elles reçoivent de chaleur pendant l'admission et la compression finale ; 2° que le travail total d'une machine, relevé avec l'indicateur de Watt, est la somme du travail de l'admission et de la détente, diminué de celui du refoulement au condenseur et de la compression. Il écrit en conséquence :

$$Q_a + Q_b - Q_c - Q_d = 0 . \qquad \text{(A)}$$
$$L_a + L_b - L_c - L_d = L_i. \qquad \text{(B)}$$

A l'aide de ces deux égalités, il lui est facile d'éliminer, *algébriquement,* des équations de Hallauer, comme des siennes propres, tous les termes relatifs à l'admission et à la détente, et d'arriver finalement à une seule équation qui ne renferme plus que ce qui est relatif à la chaleur donnée par la chaudière et à celle qu'on retrouve par l'expérience calorimétrique au condenseur. Mais ici, disons-le bien haut, M. Zeuner n'a fait absolument que de l'Algèbre. Pour que les deux égalités précédentes puissent s'écrire, il faut que les termes qui y entrent, et qui tous sont tirés de l'expérience, soient corrects. Si l'un quelconque de ces termes est faux, les équations ne peuvent plus servir à les éliminer d'autres équations.

— L'erreur commise en ce sens par le critique saute aux yeux.

Les deux premières équations de M. Zeuner, qui renferment les valeurs de Q_a et de Q_b, et qui permettent de les calculer, renferment aussi toutes deux des termes dérivés de la pression de fin d'admission, pression par hypothèse *faussée par les tourbillons*. Ces équations, justes algébriquement, sont donc fausses expérimentalement, si les tourbillons exercent une action perturbatrice. M. Zeuner a suffisamment incriminé les expérimentateurs alsaciens au sujet de cette pression, pour que je n'aie pas à insister à cet égard. En un mot, les deux égalités (A) et (B), pas plus que les équations (I) et (II) de M. Zeuner, ne sont justes expérimentalement, *si les tourbillons ont une action perturbatrice notable;* on ne peut donc pas s'en servir pour opérer une élimination quelconque de ces termes faux. En un mot, enfin, si les tourbillons interviennent d'une façon notable pendant l'admission de la vapeur, *l'élimination de M. Zeuner est inexacte,* et les équations de Hallauer *cessent absolument d'être identiques.*

Je laisse maintenant Hallauer se justifier lui-même des fautes, énormes aussi, qu'il est accusé d'avoir commises et je me borne à résumer les quelques pages qu'on vient de lire.

Dans mon précédent travail, j'ai examiné sous la forme la plus générale la question de savoir si une théorie quelconque établie *a priori* peut rendre compte avec quelque exactitude des phénomènes qui se passent dans une machine à vapeur; j'ai montré pourquoi et comment cela est rigoureusement impossible pour le moment. Puis j'ai examiné d'une façon tout aussi générale la question de savoir si c'est l'influence des parois métalliques des cylindres, etc., qui constitue l'élément perturbateur principal dans ces moteurs, comme le soutiennent depuis vingt-cinq ans les chercheurs alsaciens, ou si c'est à l'influence d'une provision d'eau en permanence dans les espaces nuisibles qu'il faut recourir dans l'interprétation des phénomènes. Je pense qu'il n'a pu rester dans l'esprit de mes lecteurs aucun doute, aucune hésitation possible sur le choix de l'interprétation répondant à la vérité.

Dans le présent travail, j'ai dû procéder tout autrement.

M. Zeuner n'ayant, dans sa récente critique, pas réfuté une seule des raisons que j'ai données pour faire ressortir l'exactitude du point de vue, auquel se sont placés les expérimentateurs alsaciens, il m'a semblé absolument inutile de revenir sur ce que j'avais dit en ce sens. Je me suis donc tenu dans un cercle beaucoup plus limité. Pour ne pas retomber dans les erreurs monstrueuses que nous avons commises, paraît-il, et moi tout en tête depuis plus de vingt ans, je me suis servi des nouvelles équations mêmes de M. Zeuner, avec le terme G_0 ou poids d'eau en réserve, auquel il attribue l'influence prédominante, sinon unique, dans les perturbations des phénomènes de la machine à vapeur. J'ai introduit dans ces équations les éléments numériques de trois expériences, dont deux avaient été analysées au long dans mon précédent travail. Cette épreuve, loin d'infirmer les conclusions que j'avais formulées, les a, au contraire, confirmées dans toute l'étendue du possible.

I. Pendant l'admission, la vapeur cède une quantité de chaleur dont, selon la machine, la grandeur varie entre des limites très écartées. Qu'elle la cède au métal des parois ou à l'eau hypothétiquement en provision, peu importe en thèse générale ; mais ce qui est certain, c'est que dans cette cession, la part des parois est toujours relativement grande en toute hypothèse, et qu'elle est parfois exclusive, en dépit de toute hypothèse, en vertu des équations mêmes de M. Zeuner.

II. Pendant la détente, tantôt la vapeur reçoit de la chaleur, que ce soit de l'eau ou des parois peu importe encore en thèse générale, tantôt elle en cède au contraire. Dans le premier cas, l'action des parois est toujours relativement très grande, en toute hypothèse ; dans le second cas, elle est exclusive.

III. Enfin pendant la période d'échappement, le cylindre envoie en pure perte au condenseur une quantité de chaleur R_0, dont l'importance dépend du système de la machine, ce terme étant pris dans l'acception la plus générale. — Selon les chercheurs alsaciens, G_0 étant, non pas nul, mais toujours assez petit pour être négligé, ce sont les parois seules qui sont en jeu ici ; selon la manière de voir de M. Zeuner, c'est la provision G_0 qui fournit le principal contingent à la perte et c'est la somme $(Q_c + a\,G_0)$ qui constitue le R_c des Alsaciens ; mais dans l'hypothèse la plus favorable à G_0, c'est Q_c qui constitue la partie principale de la perte, et en toute hypothèse, il est évident que, comme nous l'avons admis dès l'origine de nos travaux, la grandeur de R_c sert en quelque sorte de mesure à la valeur industrielle et mécanique d'une machine, le rendement utile étant d'autant plus grand que R_c est plus petit.

L'existence de perturbations profondes et leur amplitude respective, qu'aucune théorie générique ne pouvait prévoir, se montrent ainsi pleinement en relief avec des valeurs presque identiques à celles que j'avais données. Je dis : *aucune théorie*. L'emploi des équations de M. Zeuner réclame des diagrammes d'indicateur ; cet emploi repose sur la méthode expérimentale, sur la méthode *a posteriori*. Les résultats donnés par ces équations ne sont justes qu'à la condition formelle que les diagrammes soient parfaitement admissibles. Si, comme l'a soutenu M. Zeuner, sous forme de critique contre les travaux alsaciens, la pression relevée par l'indicateur est faussée par les tourbillons de la vapeur, les deux premières équations (I) et (II) tombent hors d'emploi.

Ce premier pas étant fait, la constatation de perturbations profondes étant opérée, nous avons été plus loin. — Les équations de M. Zeuner ne permettent pas de trouver la valeur réelle de Q et de G_0 dans les diverses sommes où figurent ces composants ; mais par la méthode de démonstration *ab absurdo*, elles nous permettent du moins d'établir des valeurs limites. Tandis qu'on peut algébriquement et physiquement, supposer G_0 très petit, négligeable, sans tomber dans aucune contradiction, on ne saurait en faire autant des termes Q_a, Q_b, Q_c. En annulant hypothétiquement l'action des parois, on aboutit droit à l'absurde, à l'impossible. — De plus, en attribuant à Q_a et à Q_b, les valeurs les plus basses admissibles, on trouve encore pour Q_c une valeur aussi grande presque que celle qui reviendrait à l'eau présente par hypothèse.

Il suffirait en un mot de l'examen d'une seule de nos expériences, et de la plus défavorable par sa nature, pour faire ressortir l'inexactitude profonde de l'assertion de M. Zeuner, à savoir :

« Si l'on tombe d'accord sur ce point (sur la présence d'une provision d'eau dans les espaces nuisibles), les calculs des Alsaciens sont fortement ébranlés et l'énorme influence calorifique qu'ils attribuent aux parois des cylindres est désormais à attribuer en partie, peut-être pour la plus grande partie, à l'eau restée dans les espaces perdus. »

« ..... On peut même concevoir que dans certains cas donnés, Q_c devienne nul. Dans ces circonstances, la masse d'eau restée dans l'espace perdu suffirait à elle seule pour rendre compte de la condensation notable qui a lieu pendant l'admission. »

Je termine en examinant une objection qui nous a été faite maintes et maintes fois, et à laquelle j'ai répondu tout aussi souvent, soit oralement, soit dans mes écrits. Elle part, non plus de M. Zeuner qui est ici hors de cause, mais d'un très grand nombre de personnes. Cette objection se résume à peu près en cette seule phrase :

Comment, pendant le court espace de temps que dure un coup de piston, même à la machine qui marche le plus lentement, les parois métalliques pourraient-elles prendre à la vapeur et puis lui restituer d'aussi grandes quantités de chaleur ? La brièveté de la durée du coup de piston n'est-elle pas la négation formelle de l'action si énergique prêtée aux parois ?

J'ai discuté attentivement cette question, notamment dans ma dernière Edition de Thermodynamique (pages $34\equiv38$, tome II); je l'ai examinée dans notre première réponse à M. Zeuner (pages $34\equiv38$ du tirage à part et pages $342\equiv346$ du Bulletin). Je vais essayer de la reprendre, sous une forme plus *incisive* encore, s'il est possible. Au lieu de généraliser, je pars d'un exemple particulier et précis.

Dans la première expérience avec vapeur saturée qui a été analysée précédemment (page 21) : 1° la vapeur cédait pendant l'admission 52ᶜ,61 ; 2° elle recevait pendant la détente 21ᶜ,07 ; 3° le cylindre envoyait au condenseur 31ᶜ,5. Ces trois faits sont absolument incontestables ; les valeurs numériques sont obtenues à l'aide des équations de M. Zeuner, comme elles l'eussent été d'ailleurs depuis vingt-cinq ans par les calculs *fautifs* des expérimentateurs alsaciens, avec des erreurs énormes de 2 ou 3 pour cent, il est vrai. Je dis que les faits sont là ; il s'agit de les expliquer. Cela posé, les explique-t-on mieux, en les attribuant à l'action d'une provision d'eau qu'en les attribuant à l'action du métal des parois ? C'est à ces deux termes que se résume le problème. Je fais de suite remarquer expressément qu'il ne s'agit plus ici que d'une discussion de Physique expérimentale. Analytiquement, et en partant aussi de l'expérience, nous savons que la question est tranchée et que l'action des parois, si elle n'est *uniquement* en jeu, est tout au moins prédominante, dans les cas les plus défavorables.

Le fer est, comme on sait[1], à peu près quarante fois meilleur conducteur de la chaleur que l'eau ; la capacité calorifique (vulgaire) du fer n'est il est vrai que 0,11 ; mais d'un autre côté la densité du fer est 7,2. Il s'ensuit qu'un litre de fer représente *calorifiquement* $0^k,792$ d'eau. A égale épaisseur, une surface d'un mètre carré de fer en représente donc en eau une de $0,792.40 = 31^{m^2},6$ disons, 32 mètres carrés, en nombre rond. Pour le cas de la machine dont nous nous occupons, la vapeur, au moment même de l'ouverture du tiroir d'admission, se trouvait en contact avec une surface métallique minima de $0^{m^2},56$, et à la fin de l'admission avec une surface de $1^{m^2},3$ (Première expérience). Ces deux nombres équivalent, en eau et au point de vue calorifique, à une surface de 18 mètres carrés au début et 42 mètres carrés à la fin de l'admis-

---

[1] Cette détermination est due à Desprez. Comme elle constitue une valeur minima et qu'elle est en ce sens défavorable à mes raisonnements, je n'ai pas voulu la discuter dans le texte. Par la manière même d'opérer de notre éminent physicien, et il n'y en a peut-être pas d'autre possible, l'eau soumise à l'expérience ne pouvait être partout à l'état de repos absolu. Ce n'est dès lors plus la conductibilité qui a été rigoureusement mesurée. Celle-ci est peut-être cent et mille fois inférieure à celle du fer.

sion ! — Il me semble que ces considérations font parfaitement comprendre la rapidité d'action du fer. On me dira sans doute que je suppose, dans cette évaluation, une nappe d'eau *parfaitement immobile,* tandis que l'eau de la provision hypothétique est fortement agitée par la vapeur, et par suite, dans de meilleures conditions d'absorption de chaleur. Il n'y a aucun doute à cet égard. Mais si cette eau est si violemment agitée, pourquoi nier qu'elle soit balayée et emportée au condenseur, à chaque coup de piston ?

Avec un gaz non liquéfiable (à l'inverse du gaz aqueux), l'action thermique des parois des cylindres serait déjà très énergique, d'une part, et parfaitement expliquée d'autre part. Et c'est, soit dit digressivement en passant, à cette intervention des parois qu'il faut attribuer, du moins en bonne partie, le faible rendement des moteurs à gaz que l'on a imaginés jusqu'ici et dont on attendait théoriquement de si.magnifiques résultats au début. Ici encore, et par une raison très claire, les résultats numériques obtenus par l'expérience diffèrent considérablement de ceux qu'indique la théorie générique. Les belles expériences de M. Witz, que j'ai eu occasion de citer déjà dans d'autres travaux, montrent d'une façon frappante avec quelle rapidité les gaz même permanents échangent leur température avec les parois métalliques des vases où ils se trouvent enfermés.

Mais ce n'est point à un gaz permanent que nous avons affaire. Au moment même de l'ouverture du tiroir d'admission, dans l'expérience en question, il se condense de la vapeur sur les parois, et l'eau ainsi produite est violemment agitée par la vapeur, absolument comme celle qu'on suppose en provision ; elle se trouve mise ainsi aussi dans les meilleures conditions possibles pour céder aux parois la chaleur qui lui est propre et pour en enlever d'autre à la vapeur qui arrive continuellement. — Cette eau, produite ainsi en quantité même notable dans notre expérience, se dépose sur les parois, quand l'admission est terminée, absolument d'ailleurs comme on est obligé de l'admettre pour celle qu'on suppose en permanence. Au moment où la détente, et surtout où la condensation commencent, elle se met nécessairement à bouillir et enlève forcément de la chaleur aux parois.

Cette explication de l'action des parois, que je viens de résumer, répond aux données les plus correctes de la Physique expérimentale ; elle semblera certainement superflue à tous ceux de mes lecteurs qui auront eu occasion de faire des recherches calorimétriques sur les gaz et surtout sur les vapeurs. Pour le physicien, en un mot, les parois des cylindres, etc., ne peuvent pas ne pas agir, et cela très énergiquement ; pour lui c'est l'affirmation contraire qui constitue une impossibilité, une hérésie criante.

Si j'ai su m'énoncer clairement, on reconnaitra que l'interprétation des Alsaciens, quand il s'agit d'une machine à vapeur saturée ou même surchauffée, diffère de celle de M. Zeuner, non pas du tout en ce qu'elle nie la présence possible de l'eau dans les cylindres (nous ne sommes, dieu merci, pas hydrophobes à ce degré), mais en ce qu'elle admet que cette eau, sans cesse variable en quantité, n'est présente que *temporairement,* est emportée et renouvelée à chaque coup de piston, et fonctionne surtout comme intermédiaire entre les parois conductrices et la vapeur. Dans l'interprétation des Alsaciens, l'action de l'eau, en quantité variable, relève de l'action thermique des parois. Dans l'interprétation de M. Zeuner, l'eau en permanence n'a rien de commun avec les parois. Au point de vue de la Physique appliquée, la distinction est radicale.

G.-A. Hirn.

Colmar, Boulevard du Hohlandsberg, 15 octobre 1882.

RÉFUTATION

DE LA

SECONDE CRITIQUE DE M. G. ZEUNER,

PAR O. HALLAUER.

Les lecteurs de nos Bulletins n'ont point oublié une précédente attaque de M. Zeuner, qui conteste aussi bien la manière dont nous mettons en œuvre les résultats pratiques de nos essais, que les conséquences que nous en tirons. M. Zeuner pose en ces termes les conclusions de son premier travail :

« Il a été répété maintes fois que les recherches alsaciennes ont « ouvert la voie à une théorie nouvelle de la machine à vapeur, et « que tout ce qui avait été fait dans la même direction se trouve « ainsi surpassé. Mais ceci n'est en aucune façon la vérité..... »

« Je maintiens dans son intégrité ma théorie des machines à « vapeur. Aux pertes isolées d'effet utile que j'ai déterminées, il « ne reste à ajouter que celles qui relèvent de l'influence des « parois des cylindres ; mais, pour le moment, il n'est pas encore « possible de l'exprimer analytiquement avec sécurité. Certes, « cependant, cette perte se trouvera beaucoup plus petite qu'on ne « l'attendrait d'après les recherches alsaciennes..... »

Nous avons réfuté cette première critique en nous plaçant chacun,

M. Hirn et moi, à notre point de vue particulier; le travail qui en est résulté a paru l'année dernière aux Bulletins de la Société industrielle.

Actuellement notre mémoire amène une nouvelle publication de M. Zeuner; c'est une réponse à laquelle il a été en quelque sorte forcé, dit-il, par les articles de quelques feuilles allemandes, qui, tout en relatant le différend, semblaient lui donner tort. C'est de ce nouveau travail que je vais présenter de nombreuses citations en les accompagnant de mes remarques et de la réfutation des accusations formulées contre nous.

Cette forme d'exposé, non seulement nous a paru la plus favorable, en ce sens qu'elle permet à chacun de suivre facilement la discussion; mais elle était même obligatoire, car il nous faut répondre péremptoirement à une objection qui figure dans le récent travail de M. Zeuner; il nous accuse, M. Hirn, et à bien plus forte raison moi-même, de n'avoir pas lu avec soin et sans parti pris son précédent mémoire : « *Derselbe* (Hirn) *hat, worauf auch anderes hindeutet, meine Arbeit überhaupt nicht aufmerksam und unbefangen gelesen, und daher kann ich mir bezüglich dieser Frage jede weitere Erwiederung ersparen* » et, par suite, ajoute-t-il, il peut s'épargner la peine de pousser plus loin une réponse à cette question.

« J'ai publié avec le titre ci-dessus (dit M. Zeuner), l'année
« précédente, dans le *Civil-Ingenieur* (1881, t. XXVII, p. 385),
« un exposé qui a aussi été traduit en français dans la *Revue uni-*
« *verselle des Mines* (t. XI, p. 15); cet exposé a fourni à MM. Hirn
« et Hallauer l'occasion de répondre aux objections que j'avais
« posées, et de les développer dans deux travaux étendus sous le
« même titre : *Réfutations de la critique de M. G. Zeuner.*

« Cette publication a paru, d'abord dans le *Bulletin de la Société*
« *industrielle de Mulhouse* (1881, t. LI, p. 313), puis dans la
« *Revue universelle des Mines;* enfin elle se trouve chez Gauthier-
« Villars, à Paris, sous la forme d'une brochure spéciale de 90 pages.

« Dès un premier coup d'œil rapide jeté sur leurs deux travaux,
« on reconnaît que MM. Hirn et Hallauer se sont sentis blessés par

« mon jugement sur les recherches alsaciennes, car ils expriment
« à plusieurs reprises leur mauvaise humeur ; c'est particulièrement
« le cas de Hirn, et sous une forme plus que désobligeante. Je dois
« d'autant plus le regretter, qu'ainsi que le constate Hirn dans son
« introduction, mon exposition est faite dans les termes les plus
« polis et les plus flatteurs pour les expérimentateurs alsaciens; »
M. Zeuner oublie d'ajouter la fin de la phrase de M. Hirn (à une
seule exception près qu'on y rencontre à regret); mais continuons :
« et que, de plus (des expérimentateurs n'en peuvent demander
« davantage), je n'ai pas mis en doute un seul de leurs résultats ;
« bien plus : j'ai admis en toute confiance toutes leurs données. »

Dans l'état actuel de la question, et pour répondre aux lignes
précédentes, il ne sera pas indiscret, je pense, d'indiquer très
rapidement quelles étaient les relations antérieurement établies
entre M. Hirn et M. Zeuner.

Une correspondance suivie, la visite de M. Zeuner au Logelbach,
où demeurait alors M. Hirn et où fonctionnaient ses moteurs, les
constants éloges que donne M. Hirn aux travaux théoriques de son
ami ; car, dit-il, *on trouvera dans mes écrits, partout, à l'égard de
M. Zeuner, non pas seulement de l'estime et de l'admiration, mais
quelque chose que je place encore au-dessus,* tout cela n'avait point
préparé M. Hirn à une aussi brusque attaque. Il n'est donc point
étonnant qu'il ait été peiné d'un manque d'égards, que des relations
antérieures, encore plus que sa position scientifique, semblaient
devoir écarter.

M. Zeuner eût soumis ses doutes à M. Hirn, lui eût demandé les
documents qu'il regrette de ne pas avoir au complet, surtout sur la
machine à surchauffe, que M. Hirn, comme il le dit lui-même, se
fût fait un devoir de les lui fournir tous, fût-ce même sciemment,
pour nous réfuter; la discussion eût alors été dégagée de cette
forme absolue et cassante qui, surtout venant d'un ami, a peiné
M. Hirn à juste titre; plus courtoisement posés, les arguments
n'auraient pu qu'y gagner en valeur.

Nous n'avons pas à insister sur la forme particulière que revêt le travail de M. Zeuner en ce qui nous concerne personnellement ; le lecteur pourra largement se faire une opinion sur le sujet à la seule lecture du présent travail.

« Les objections et les doutes émis par moi ne se rapportaient
« qu'aux calculs et à la discussion des résultats expérimentaux,
« produits par les Alsaciens. Mais cette partie est de nature théo-
« rique pure, et elle pourra par conséquent être abordée par les
« personnes qui n'ont pas été dans l'heureuse position de faire des
« expériences en grand sur la machine à vapeur. Si, comme il
« semble, Hirn est en ce sens d'une opinion différente, on peut lui
« objecter que les expériences les plus parfaites sont profondément
« lésées dans leur valeur par une discussion et des développements
« analytiques, fautifs et défectueux. J'étais bien plutôt d'avis que,
« par mon exposé, j'avais appuyé les efforts des Alsaciens, et que
« j'y avais apporté une quote-part, grâce à laquelle l'attention serait
« appelée de nouveau, et plus puissamment, sur leurs recherches ;
« car, contrairement à ce qui a eu lieu dans leurs publications,
« j'ai su exprimer en des équations générales, très simples, tous
« les cas particuliers.....

« Hirn n'a rien à opposer à mes équations, en ce qui concerne
« leur exactitude ; mais il lie à leur examen une suite de remarques
« qui, avec tout le reste de son exposé, me fourniraient une riche
« étoffe à la réplique ; toutefois ceci ne mènerait pas à grand'chose,
« et je n'ai d'ailleurs pas la place nécessaire pour le faire ici. »

Nous regrettons vivement, dans l'intérêt même de M. Zeuner, qu'il n'ait pas repris une à une toutes les objections de M. Hirn ; en posant que cette discussion ne mènerait pas à grand'chose, il les traite avec un dédain que le lecteur saura apprécier.

Si M. Hirn n'a rien à objecter à l'exactitude des équations de M. Zeuner, c'est par la raison fort simple qu'il avait posé ces égalités avec les résultats directs de l'observation, dès l'origine de ses travaux sur le moteur à vapeur, et bien avant M. Zeuner. Il les a écrites numériquement et non algébriquement, mais c'est par l'excellent motif que des relations aussi peu compliquées lui ont paru pouvoir être posées avantageusement en prenant immédiatement les nombres.

S'il nous est arrivé de laisser momentanément de côté certaines parties, telles que les espaces nuisibles, etc., etc....., M. Zeuner croit-il que c'est pure ignorance de notre part, comme il cherche à le faire entendre?

C'est tout simplement parce que nous avions reconnu leur effet négligeable eu égard aux erreurs de 1, 2 et même quelquefois 3 et 4 pour cent, qui affectent généralement les résultats directs des essais les mieux faits. Nous verrons du reste que, pour la compression par exemple, nous avions avant M. Zeuner une idée assez exacte des phénomènes qui se passent dans l'espace nuisible.

Ayant à exposer des faits peu connus, vivement contestés, qu'il fallait déduire clairement et surtout très simplement de nos expériences, nous ne nous sommes volontairement attachés qu'aux phénomènes essentiels, sachant qu'il serait toujours temps, ceux-ci une fois prouvés, de revenir plus tard, et successivement, aux faits accessoires dont nous négligions provisoirement l'influence, assez faible d'ailleurs.

Que M. Zeuner, après avoir jusqu'en 1876 négligé l'effet des parois, après avoir supposée sèche, et même surchauffée, la vapeur à la fin de la compression, change brusquement d'opinion et nous fasse aujourd'hui un crime de nos négligences voulues, qu'il traite de grossières erreurs, c'est encore là un point que nous laissons à l'appréciation de nos lecteurs.

« J'avais d'abord l'intention de ne plus revenir sur ces questions
« en général, et de laisser maintenant à d'autres le soin de juger
« combien mes objections étaient fondées; mais comme, depuis,
« des feuilles techniques allemandes ont constaté la différence
« d'opinion qui existe entre moi et MM. Hirn et Hallauer, dans un
« sens tel qu'il semblerait que j'ai été totalement réfuté, je me vois
« forcé de prendre à nouveau la chose en mains.

« Pour éviter des répétitions, je vais déduire les équations fonda-
« mentales en leur donnant une forme nouvelle et différente, de

« telle façon qu'elles soient appropriées aux calculs d'essais futurs
« qui ne peuvent manquer de se produire ; elles seront même aptes
« à s'appliquer au cas où la vapeur serait surchauffée à la fin de
« l'admission ou de la détente ; cas qui, jusqu'ici, n'a été traité ni
« par les Alsaciens, ni ailleurs. L'application de ces formules à des
« essais déjà faits me permettra de signaler les conclusions fautives
« et, pour le dire en un mot, les fautes de calcul impardonnable-
« ment grossières qui se trouvent chez Hallauer.

« Pour les calculs numériques exposés plus loin, je profite de
« ceux des essais alsaciens qui ont servi de base à Hirn et à
« Hallauer dans leur réfutation ; tandis que dans mon précédent
« travail je ne me suis servi que des essais de Hallauer sur une
« machine Corliss ; ni Hirn ni Hallauer ne parlent dans leur réfu-
« tation de ces derniers essais et des calculs qui s'y rapportent ; ce
« qui a lieu de m'étonner beaucoup. J'aurais dû m'attendre à voir
« la prétendue fausseté de mes arguments prouvée sur le même
« exemple et en suivant la voie même de mes calculs numériques ;
« cette marche aurait fourni l'occasion de combler les lacunes de
« détail du calcul et de modifier les bases que j'ai signalées dans
« la marche suivie par Hallauer. »

Le lecteur ne partagera pas l'étonnement de M. Zeuner lorsqu'il
saura que celui-ci a été justement choisir, parmi les plus anciens
essais, celui d'une machine Corliss à laquelle manque précisément
une donnée des plus importantes, celle de la chaleur retrouvée
dans l'eau de condensation.

Du reste, ce n'est pas un exemple unique qui doit vérifier des
hypothèses de la nature de celles qu'avance M. Zeuner. L'existence
d'une quantité d'eau colossale renfermée avec la vapeur comprimée
dans l'espace perdu et devant jouer en partie le rôle que nous
attribuons aux parois, l'influence énergique des tourbillons sur la
pression que donne la courbe d'indicateur au commencement de la
détente, ne peuvent être certifiées qu'après l'étude d'une série suffisante d'essais faits sur le même moteur, tels sont ceux que nous
employons.

« Je suis obligé de conclure que les Alsaciens considèrent comme
« plus dignes de confiance leurs essais sur la machine Hirn, puis-
« qu'ils appuient leurs objections sur ceux-ci de préférence aux
« essais de Hallauer sur la machine Corliss; c'est sur eux qu'il me
« reste à faire l'épreuve; je vais donc moi-même m'en prendre à
« ces premiers essais. Qu'il soit entendu, dès à présent, que ladite
« machine, au Logelbach, près Colmar, est à balancier; qu'elle
« possède quatre tiroirs plats, deux pour l'entrée, deux pour la
« sortie de la vapeur; que la vapeur de la chaudière peut se rendre
« directement au cylindre ou passer par un surchauffeur avant d'y
« arriver. Le diamètre du cylindre est $0^m,605$, la course $1^m,702$;
« à la marche normale cette machine fait 30 tours par minute.

« Il existe surtout huit essais faits sur cette machine et que
« Hallauer expose dans le *Bulletin de Mulhouse,* sous le titre :
« *Expériences sur les moteurs à vapeur* (t. XLVII, 1877). De ces
« huit essais, sept sont avec condensation et diverses expansions;
« cinq d'entre eux emploient la vapeur surchauffée et deux seule-
« ment la vapeur saturée; quant au huitième essai, il emploie de
« la vapeur surchauffée, mais sans condensation. Tous les calculs
« qui paraîtront dans la suite ont été tirés du travail Hallauer, et
« spécialement du tableau résumé qui figure à la fin de l'ouvrage.

« Avant d'entrer dans les recherches spéciales, nous voulons en
« quelques mots traiter la question qui a amené une différence
« entre les manières de voir. C'est un fait reconnu depuis long-
« temps, et en aucune façon conquis par les recherches des Alsa-
« ciens, que la quantité de vapeur amenée de la chaudière au
« cylindre par chaque coup de piston est plus grande, et, dans
« certaines circonstances, notablement plus grande que la quantité
« que l'on obtient par le calcul en partant du volume engendré et
« de la pression relevée sur un diagramme à la fin de l'admission,
« et en posant que la vapeur est sèche, mais saturée. On dit, en
« conséquence, que la consommation réelle de vapeur est toujours
« plus grande que celle que l'on calcule d'après les procédés indi-
« qués ci-dessus. Une explication de ce phénomène a non seule-

« ment une signification essentiellement pratique, mais elle est
« certainement de la plus haute importance pour la théorie de la
« machine à vapeur.

« L'idée la plus naturelle est visiblement d'attribuer la perte de
« vapeur dont il est question à la non-*étanchéité* des pistons et des
« tiroirs, ainsi que l'a fait Völkers, comme on sait ; une seconde
« et autre unique explication repose sur l'hypothèse que, pendant
« l'admission au cylindre, il se fait une précipitation de vapeur, et
« que, par conséquent, le calcul de la consommation est faussé,
« parce qu'on y néglige la quantité d'eau ainsi condensée. Cette
« seconde hypothèse exige toutefois que l'on donne immédiatement
« une explication de cette condensation. Les Alsaciens, et Hirn
« tout le premier, admettent que les parois du cylindre refroidissent
« la vapeur entrant, et que les parois rendent ensuite la chaleur
« reçue, partie pendant l'expansion, partie pendant l'échappement
« de la vapeur. La condensation, pendant l'entrée de la vapeur,
« peut toutefois s'expliquer aussi, comme je crois avoir été le
« premier à le faire, par une influence des espaces nuisibles. A la
« fin de l'échappement de la vapeur, et par conséquent au com-
« mencement de la compression, un mélange de vapeur et d'eau
« se trouve prisonnier dans le cylindre et, à la fin de la course,
« remplit l'espace nuisible ; au commencement de l'introduction de
« la vapeur fraîche arrive de la chaudière, remplit l'espace nuisible,
« où elle se trouve au contact de cette masse antérieurement pré-
« sente (restée par hypothèse à une température plus basse, si,
« comme c'est le cas général, la compression n'est pas poussée
« jusqu'à la pression d'admission), et elle se condense en partie.

« A mon avis, pour expliquer la perte de vapeur dans les
« machines ordinaires, il faut considérer ces trois cas en même
« temps ; il paraît cependant que, pour les machines bien condi-
« tionnées, et il ne peut être ici question que de telles machines,
« les pertes autour du piston et des organes de distribution doivent
« être considérées comme négligeables ; tel est en particulier le cas
« de la machine Hirn. Il reste encore, d'après cela, comme je veux

« l'indiquer sous forme concise, à donner l'effet des condensa-
« tions par les parois et l'espace nuisible, comme explication de
« la perte de vapeur. Dans mon précédent travail, j'ai donc expres-
« sément concédé l'influence des parois métalliques, mais en même
« temps j'ai cherché à prouver que, dans l'évaluation de cette
« influence, on ne saurait négliger celle des espaces nuisibles qui
« l'accompagne. Hirn est, par suite, dans l'erreur, lorsque, dans
« ses objections, il m'attribue d'avoir avancé que, relativement à
« l'influence des espaces nuisibles, celle des parois est trop petite
« pour qu'on en tienne compte. Ainsi que le montrent d'ailleurs
« d'autres considérations, Hirn n'a, en général, pas lu attentive-
« ment et impartialement mon travail ; je puis donc m'épargner
« toute réponse ultérieure sur cette question. »

Il est assez commode d'accuser son adversaire de ne vous avoir
point lu attentivement ou d'avoir fait cette lecture de parti pris.

M. Zeuner devrait cependant se souvenir des deux passages
suivants que j'extrais de son précédent travail ; ils mettront le
lecteur à même de décider si le reproche qu'il formule est fondé :

« Jusqu'ici, dit M. Zeuner, il n'est aucunément prouvé que la
« vapeur, dans les espaces nuisibles et dans le cylindre au com-
« mencement du refoulement, doive être considérée comme sèche ;
« aucune objection plausible ne s'élève contre cette supposition :
« que sur le couvercle du cylindre et sur le piston il puisse exister
« de l'eau précipitée, même en gouttelettes. Si l'on accepte cette
« supposition, les calculs des Alsaciens sont fortement ébranlés, et
« l'énorme influence attribuée par ces expérimentateurs aux parois
« des cylindres, à titre de réservoirs thermiques, doit être rapportée
« désormais en partie, *et peut-être pour la plus grande partie,* à la
« quantité d'eau restée en provision dans le cylindre. »

Et plus loin, dans le même travail :

« La quantité notable d'eau présente à la fin de la détente doit
« se trouver partiellement à l'état de brume, partiellement à l'état
« de rosée ou d'eau précipitée sur les parois. Au premier moment
« de l'échappement, une portion de cette eau sans doute peut être

« emportée ; une autre portion aussi s'évapore pendant le recul du
« piston et se trouve éliminée à l'état de vapeur ; mais la plus
« grande partie reste certainement à l'état de rosée le long des
« parois et, balayée par le piston, se rassemble dans l'espace
« nuisible, qui est clos pendant la compression.

« Ainsi on ne peut pas contester qu'un poids d'eau proportion-
« nellement grand, quoique son volume soit toujours négligeable,
« puisse exister au commencement de la compression ; dans ce cas
« la valeur x_3 est exprimée dans les équations (IV_b) et (32) par
« une fraction très petite, qui changera considérablement le dernier
« terme des équations indiquées et diminuera par là la grandeur Q_c
« (notre R_c ou refroidissement au condenseur) ; de plus, on peut
« imaginer que, suivant les circonstances, Q_c pourrait devenir nul,
« dans ce cas, la quantité d'eau restée dans l'espace nuisible,
« donnerait par elle seule l'explication de la condensation considé-
« rable pendant l'admission. »

Est-ce assez explicite ? et M. Hirn est-il dans l'erreur, comme le
dit M. Zeuner, lorsqu'il l'accuse d'attribuer à l'effet des parois une
influence faible relativement à celle des espaces nuisibles ?

Si M. Zeuner oublie aussi vite ce qu'il a écrit lui-même à un an
de distance, cela lui donne-t-il le droit d'affirmer que M. Hirn n'a
pas lu attentivement et impartialement son travail ?

Il peut être intéressant de rappeler, au sujet de ces défaillances
(involontaires sans doute) de la mémoire de M. Zeuner, outre
quelques dates, certains passages écrits antérieurement par lui
dans son ouvrage de thermodynamique (traduction de MM. Arnthal
et Cazin, édition de 1869).

Ces passages, que j'ai déjà cités dans une étude sur la compression de la vapeur, parue en 1875 aux Bulletins de la Société
industrielle, nous mettent à même de constater le changement qui
s'est produit dans les idées de l'éminent analyste, et il ne sera pas
difficile au lecteur de trouver lui-même la cause de ce revirement
d'opinion.

Il va sans dire, bien entendu, que j'ai adressé à M. Zeuner, à titre d'hommage respectueux, le premier exemplaire de ce travail sur les espaces nuisibles, qui traite pratiquement une question que lui-même avait déjà étudiée théoriquement avec l'élégance qui caractérise tous ses travaux algébriques.

Après avoir étudié la machine à vapeur sans espaces nuisibles, M. Zeuner la prend avec espaces nuisibles et prouve : « qu'il y a évaporation d'eau pendant l'introduction de la vapeur dans le cylindre, et cela par suite des espaces nuisibles. » C'est, comme on voit, le contraire de ce qu'il soutient aujourd'hui.

La même contradiction se remarque lorsqu'il vient à parler de la vapeur comprimée : « Lorsque le piston rétrograde, il fait sortir
« du cylindre le volume de vapeur qui correspond à ce trajet, et
« quand le tiroir d'échappement se ferme, la vapeur qui est restée
« *ne contient probablement que peu d'eau*; si alors on comprime le
« mélange, la compression sera généralement accompagnée de la
« vaporisation d'une partie ou bien de la totalité de l'eau qui exis-
« tait au commencement; par suite, il peut arriver qu'à la fin de
« la compression la vapeur de l'espace nuisible soit *surchauffée*.
« Malheureusement on ne peut pas, jusqu'ici, savoir comment se
« fait le mélange de cette vapeur surchauffée avec la vapeur saturée
« qui vient de la chaudière; mais cette question importe peu pour
« le moment, mon but principal étant de montrer que, dans nos
« machines à vapeur, la compression est accompagnée d'une vapo-
« risation de l'eau mêlée à la vapeur, et qu'il peut arriver, dans
« certaines circonstances, que la vapeur restée en arrière passe à
« l'état de surchauffe. »

Mettons en parallèle avec ces lignes de M. Zeuner ce que j'écrivais en 1875 (page 17) au sujet des machines à un seul cylindre, après avoir étudié un moteur Woolf.

L'analyse de ce genre de moteurs, au point de vue des espaces nuisibles, si elle n'est pas impossible, présente du moins quelques difficultés à vaincre; on s'en convaincra par le court exposé qui va suivre.

Supposons que dans ces machines l'on arrête l'échappement au condenseur vers les quatre cinquièmes de la course ; à partir de ce moment nous aurons, renfermé dans le cylindre et se comprimant pendant le dernier cinquième de la course, un certain poids du mélange eau et vapeur qui s'écoulait au condenseur.

Je dis un mélange de vapeur et d'eau, car nous savons déjà que cette vapeur est humide au moment de la fermeture du tiroir ; des analyses de moteurs, même pourvus d'une enveloppe de vapeur, nous ayant prouvé : qu'à la fin de la détente il restait encore 10 à 15 pour cent d'eau, en grande partie déposée sur les parois ; que, pendant l'échappement au condenseur, une portion, et non la totalité de cette eau, s'évaporait pour donner lieu au refroidissement par le condenseur R_c ; nous pouvons donc affirmer que la vapeur *est loin d'être sèche* lorsque commence la période de compression ; mais ce fait est tout à fait insuffisant lorsque l'on veut étudier ce qui va se passer dans le cylindre.

Il est curieux de rapprocher encore de ces lignes le passage suivant de la critique (1881) de M. Zeuner, dont nous avons déjà cité une partie page 53 :

« L'hypothèse selon laquelle on pourrait négliger comme très
« petite, et sans influence, la masse de vapeur et de liquide restée
« dans l'espace nuisible, ou que la vapeur venant de la chaudière
« rencontrerait dans le cylindre *de la vapeur sèche, est assurément*
« *inadmissible.* Le volume d'eau présent sera à considérer, il est
« vrai, comme énormément petit, mais non son poids, par rapport
« au poids de la vapeur présente.

« Jusqu'ici il n'est aucunément prouvé que la vapeur, dans les
« espaces nuisibles et dans le cylindre au commencement du refou-
« lement, doive être considérée comme sèche ; aucune objection
« plausible ne s'élève contre cette supposition : que, sur le cou-
« vercle du cylindre et sur le piston, il puisse exister de l'eau
« précipitée, même en gouttelettes. Si l'on accepte cette supposi-
« tion, les calculs des Alsaciens sont fortement ébranlés, et l'énorme
« influence attribuée par les expérimentateurs aux parois des
« cylindres, à titre de réservoirs thermiques, doit être rapportée

« désormais en partie, et peut-être pour la plus grande partie, à la
« quantité d'eau restée en provision dans le cylindre.

« La quantité de chaleur désignée plus haut par Q_c qui, pendant
« l'échappement de la vapeur, est emportée au condenseur, dépend
« désormais du degré d'humidité de la vapeur restée au cylindre,
« et devient d'autant plus petite que l'on suppose plus grande la
« quantité d'eau restée en provision. En raison de l'incertitude qui
« règne encore quant à la valeur de cette quantité d'eau, la déter-
« mination de Q_c devient douteuse, et il est en tous cas inadmis-
« sible que cette grandeur puisse être prise pour mesure de la
« valeur des différents moteurs à vapeur. A plusieurs reprises déjà
« il a été avancé que les recherches alsaciennes ont frayé la route
« à une nouvelle théorie de la machine à vapeur, et ont surpassé
« de la sorte tout ce qui avait été fait en ce sens. Ceci n'est en
« aucune façon la vérité. »

Si l'on se reporte aux passages du livre de M. Zeuner, que j'ai
cités en 1875 et où il affirme que la vapeur qui se comprime contient probablement peu d'eau, que cette eau s'évapore en partie
ou bien en totalité pendant la compression, que celle-ci peut même
amener la vapeur à l'état surchauffé, on est frappé d'un revirement aussi subit ; notre éminent analyste soutenant actuellement
que l'influence énorme attribuée par nous aux parois doit être en
majeure partie acquise à la quantité d'eau restée dans le cylindre ;
car poser que la vapeur qui vient de la chaudière puisse rencontrer
de la vapeur sèche lui paraît maintenant *inadmissible*.

En y regardant de près, M. Zeuner fixe du reste lui-même, dans
sa critique de 1881, la date de son changement d'opinion. Nous
citons encore entièrement ce passage, car il renferme pour la première fois la seconde objection capitale élevée contre notre méthode
de calcul et les déductions que nous en tirons :

« Lorsqu'on prend, comme il en est partout dans les travaux
« cités, la pression p_1 à la fin de l'admission au diagramme de
« l'indicateur et les valeurs correspondantes u_1, q_1 et ρ_1 dans les
« tables, et qu'on les substitue dans l'équation (I) ou (5), on fait

« tacitement la supposition qu'à la fin de l'admission la vapeur
« dans le cylindre est en équilibre ; il est cependant hors de doute,
« qu'au contraire, il y a en ce moment dans le cylindre un tour-
« billonnement tumultueux. Si l'on suppose le piston brusquement
« arrêté après la fermeture du canal, l'état d'équilibre s'établira
« peu à peu, la pression p_1 arrivera à une valeur plus grande p'_1,
« et la valeur u'_1 correspondante à cette pression sera plus petite
« que u_1. Or, en substituant la valeur juste de u'_1 dans l'équation (5),
« on aura x_1 plus grand qu'en substituant la valeur de u_1.

« Les calculs alsaciens donnent pour cela x_1 trop petit, c'est-à-
« dire qu'ils supposent pour l'admission une condensation plus
« forte qu'elle n'est réellement ; ils exagèrent donc aussi de ce côté
« l'absorption de chaleur par les parois pendant l'admission.

« D'ailleurs, j'ai déjà signalé autrefois ce que j'avance dans ce
« qui précède ; aussi l'équation (I_b) se trouve déjà (avec d'autres
« rapports) développée de toute autre façon dans un mémoire qui
« y est relatif.[1] J'ai assurément, en ce lieu, négligé l'influence des
« parois ; j'ai mis $Q_a = 0$ et je me suis servi de l'équation pour
« calculer le poids b du mélange vapeur et liquide par course de
« piston. Mais dans une note[2] sur ce mémoire, j'ai démontré
« ensuite qu'on peut arriver pour la vapeur sèche et surchauffée à
« la quantité de vapeur b déterminée par des expériences, en
« admettant une quantité d'eau correspondante dans l'espace
« nuisible au commencement de la course. »

En 1875, M. Zeuner, comme il le dit lui-même, néglige encore
l'influence des parois ; mais en 1876 il démontre que l'on peut
expliquer le poids de vapeur consommé, supérieur au poids de
vapeur constaté dans le cylindre, par la présence d'eau renfermée
dans l'espace nuisible.

Il est parfaitement permis de supposer que les travaux antérieurs

---

[1] *Ueber die Wirkung des Drosselns und den Einfluss des schädlichen Raumes auf die bei Dampfmaschinen verbrauchte Dampfmenge,* 1875, Band XXI, Seite 1.

[2] *Repertorium der literarischen Arbeiten der reinen und angewandten Mathematik,* 1876, Band I, Seite 88.

de M. Hirn, sa nouvelle *Edition de Thermodynamique* qu'il a adressée à M. Zeuner en 1875, tout aussi bien que mes propres travaux et mon *Etude sur la compression,* n'ont pas été étrangers à cette modification des idées du savant professeur.

Après avoir vu la vapeur des espaces nuisibles amenée à l'état de surchauffe par la compression, il la trouve actuellement assez fortement mélangée d'eau pour provoquer la plus grande partie des condensations qui ont lieu pendant l'admission ; il est probable que la cause d'un si brusque changement d'opinion doit être, pour une bonne part du moins, attribuée à nos recherches expérimentales.

Les travaux alsaciens n'eussent-ils eu que ce résultat, que nous aurions tout lieu de nous en féliciter.

Après cette digression, un peu longue peut-être, mais nécessaire, reprenons le cours de nos citations.

« Hirn et Hallauer supposent dans leurs calculs que la vapeur,
« à son entrée dans le cylindre, n'y trouve rien qui puisse changer
« son état ; tandis que mon opinion est que, pour un examen
« régulier et approfondi. il est nécessaire de prendre en considéra-
« tion la masse de vapeur restée après le recul du piston, et
« j'introduis ce fait dans mon calcul. En outre, j'objecte à la
« manière de calculer des Alsaciens qu'ils ne prennent en nulle
« considération l'étranglement de la vapeur, c'est-à-dire la diffé-
« rence entre la pression de la chaudière et celle d'admission. Plus
« loin, enfin, j'insiste sur ce fait que les courbes de l'indicateur ne
« sont pas des courbes de pressions d'équilibre stable, surtout vers
« le milieu de la course du piston, notamment vers la fin de
« l'admission et au commencement de l'expansion ; d'où je conclus
« que certaines mesures (la pression à la fin de l'admission) et les
« calculs que l'on veut baser sur elles sont inexacts. Hirn accorde,
« au sujet de ces objections, que j'ai raison, en principe ; mais il
« croit que ses calculs relatifs à l'étranglement de la vapeur sont
« assez exacts pour tous les cas ; moi, au contraire, je suis d'avis
« que sa méthode de calcul (même pour ses propres recherches,
« comme nous verrons plus loin) conduit dans des cas donnés à de

« grosses fautes et, qu'en thèse générale, elle *viole les principes*
« *de la Thermodynamique.* Tout le phénomène, dès le commence-
« ment de l'admission, par conséquent à partir du mélange de la
« vapeur avec ce qui est resté dans le cylindre, jusqu'à la fin de
« l'admission, est, comme Clausius l'a déjà montré en 1856, un
« *cycle non réversible,* pour lequel la formule employée par Hirn
« ne peut trouver aucune application.

« En ce qui concerne la remarque que j'ai faite : que les
« diagrammes tracés par l'indicateur ne peuvent être considérés
« sur toute leur étendue comme des courbes d'état d'équilibre stable
« de la vapeur, Hirn se permet de dire : que la remarque est plus
« grave que je n'en avais moi-même conscience, qu'elle est mor-
« telle à toute théorie. Cette dernière partie de l'assertion est une
« phrase vide (ou creuse), et en ce qui touche à la première partie,
« je ferai seulement observer que mon opinion repose sur une
« mûre réflexion et que je la maintiens telle quelle. »

Ainsi que dit M. Hirn? « Cette partie de la critique est très
grave, plus grave peut-être que ne le pensait son auteur lui-
même. La pression que relève un indicateur (supposé parfaitement fidèle) est aussi celle que supporte le piston de la machine ;
cela est évident par soi-même et démontré d'ailleurs expérimentalement par la concordance des résultats que m'ont donnés le
pandynamomètre appliqué au balancier de la machine et l'indicateur. En un mot, si la pression de la vapeur est modifiée par les
tourbillons, elle l'est *pour le piston aussi bien que pour l'indicateur.*
Mais si une telle modification a lieu, du moins dans des proportions
sensibles, toute théorie de la machine à vapeur devient impossible ;
car, *sans aucune exception,* les équations de la Thermodynamique
ne conviennent qu'à des vapeurs arrivées à un état d'équilibre
interne, et ne pourraient plus s'appliquer sans erreur à des vapeurs
dont les mouvements internes troubleraient et fausseraient la pression qu'elles exercent à chaque instant en tous sens. »

Tout cela est parfaitement clair pour quiconque s'est occupé de
Thermodynamique ; il est vrai que M. Zeuner y répond en affirmant

qu'il a mûrement médité son hypothèse et qu'il la maintient! ce nouveau mode d'argumentation doit sans doute interdire toute réfutation.

Quant à la partie des conclusions de M. Hirn que M. Zeuner déclare vide de sens, nous y renvoyons le lecteur, qui y trouvera là un exposé complet de toutes les raisons prouvant l'influence minime de ces tourbillons, incapables, dans tous les cas, de fausser sensiblement les pressions.

M. Zeuner lui-même revient du reste en partie sur son idée première qu'il adoucit singulièrement, probablement à la suite de notre première réfutation. Après avoir écrit en 1881 qu'on ne peut se fier au diagramme d'indicateur pour obtenir les valeurs q_1, ρ_1, u_1, relatives à l'état physique de la vapeur à la fin de l'admission, car le diagramme n'est pas une courbe de pressions d'équilibre stable, il dit maintenant en 1882 :

« La pression relevée sur un diagramme d'indicateur, pour la
« fin de l'admission par exemple, différera en général certes fort
« peu de la pression d'équilibre stable non mesurable directement ;
« mais tout le cours, tout le caractère des courbes d'indicateur,
« surtout pour le passage de la période d'admission à celle d'expan-
« sion, ne répondent certes pas à un état d'équilibre stable ; on ne
« saurait rapporter en entier le mouvement tumultueux de la
« vapeur pendant l'admission dans le cylindre (mouvement qui se
« calme rapidement pendant l'expansion), à la différence de pres-
« sion existant entre la chaudière et le cylindre ; mais on a à
« remarquer que les phénomènes qui précèdent la marche du
« piston doivent eux-mêmes influer sur la courbe d'admission. Le
« degré et l'étendue de la compression, l'énergie de l'afflux de
« vapeur, la grandeur des espaces que la vapeur trouve prêts, les
« circonstances du mouvement de la vapeur dans les tuyaux
« d'amener, tout cela certainement se trouvera exprimé sur la
« courbe d'admission. »

D'accord ! nous n'avons, en principe, jamais contredit cet exposé ; nous n'avons voulu prouver qu'une chose : c'est que toutes ces influences, traduites par la courbe d'indicateur telle que nous l'obtenons, ne donnent entre elle et la courbe des pressions en équilibre stable, impossible à obtenir, qu'une différence tombant dans les limites d'erreur des observations.

Du moment que M. Zeuner nous accorde que le diagramme relevé ne diffère que seulement peu « *nur wenig* » (nous disons, nous, très peu) du diagramme d'équilibre stable, nous tombons d'accord avec lui ; mais par là aussi il nous concède que notre méthode de calcul est suffisamment exacte eu égard à l'approximation de nos observations directes. Ce n'est point précisément la conclusion de ses deux travaux de 1881 et de 1882.

Cette question des méthodes sera reprise à nouveau lorsque nous aurons à discuter plus loin les calculs eux-mêmes, ainsi que les erreurs impardonnablement grossières que d'après M. Zeuner nous aurions commises à mainte reprise.

« L'exposé analytique que je vais établir maintenant me fournira
« l'occasion de mettre plus fortement en lumière, en lieu et place,
« les objections de Hirn et en particulier celles de Hallauer. »

« Soit G le poids de vapeur ou, si elle est humide, le poids de
« vapeur et d'eau arrivant de la chaudière par coup de piston ;
« p la pression et t la température à la chaudière ; x est le poids
« spécifique de la vapeur, c'est-à-dire le poids de vapeur contenu
« dans le mélange de 1^k si la vapeur est mouillée ; on admet
« (ce qui ne souffre aucune objection) que la chaudière est alimentée
« d'eau à 0° ; nous avons alors pour l'unité de poids du mélange
« venant de la chaudière une quantité de chaleur λ représentée par :

$$\lambda = q + x\,r \qquad (1^{\mathrm{a}})$$

« où q est la chaleur de fluidité, r la chaleur latente de la vapeur.
« Si, au contraire, la vapeur, pendant son trajet de la chaudière au
« cylindre, est surchauffée à la température t_x, elle représente
« par k_g la chaleur suivante :

$$\lambda = q + r + c_p\,(t_x - t) \qquad (1^{\mathrm{b}})$$

« puisque la chaleur spécifique à pression constante est $c_p = 0{,}4805$.

« La quantité de chaleur qu'il faut donner à la vapeur par coup
« de piston est donc :

$$Q = G\lambda \qquad (2)$$

« λ étant à calculer pour la vapeur humide à l'aide de la relation
« (1^a) et pour la vapeur surchauffée à l'aide de la relation (1^b).

« Il est nécessaire maintenant de parler des phénomènes qui ont
« lieu pendant l'admission.

« Admettons que dans l'espace nuisible (ou plus correctement
« dans l'espace du cylindre que trouve la vapeur à son arrivée)
« existe un poids restant G_0 de vapeur et d'eau à la pression p_0,
« à la température t_0, contenant un poids spécifique de vapeur x_0 ;
« qu'à la fin de l'admission la pression soit p_1, la température t_1, le
« poids spécifique de vapeur x_1 ; ρ désignant, comme d'habitude, la
« chaleur interne latente, il est clair qu'au commencement de l'in-
« troduction le poids G_0 contient une quantité de chaleur exprimée
« par $G_0 (q_0 + x_0 \rho_0)$; et qu'à la fin de l'admission le poids $(G + G_0)$
« contient une quantité de chaleur $(G + G_0)(q_1 + x_1 \rho_1)$. En utili-
« sant l'équation (2), on obtient la quantité de calorique disparu
« par coup de piston depuis le commencement jusqu'à la fin de
« l'admission.

$$G\lambda + G_0 (q_0 + x_0 \rho_0) - (G + G_0)(q_1 + x_1 \rho_1)$$

« Cette quantité de chaleur est employée maintenant à ce qui
« va suivre.

« La chaleur Q_a est absorbée par les parois du cylindre ; la cha-
« leur Q_v' est perdue par le rayonnement extérieur ; enfin la chaleur
« L_a est transformée en travail ; cette dernière valeur s'obtient par
« l'évaluation du travail d'admission, en planimétrant la partie du
« diagramme qui y est relatif et en divisant le travail trouvé par
« 424. D'après tout ce qui vient d'être dit, il en résulte comme
« première équation fondamentale :

$$L_a + Q_a + Q_v' = G\lambda + G_0 (q_0 + x_0 \varrho_0) - (G + G_0)(q_1 + x_1 \varrho_1) \qquad (I)$$

« Cette équation, qui est rigoureusement correcte pour le cycle
« non réversible présent, n'est ni connue, ni employée par les Alsa-

« ciens ; c'est là une erreur capitale qui affecte leurs arguments
« et leurs calculs. [1]

« Si l'on examine maintenant les phénomènes de l'expansion et
« que l'on désigne par p_2 la pression, t_2 la température, x_2 la
« quantité spécifique de vapeur à la fin de l'expansion ; si, de plus,
« L_b désigne la quantité de chaleur que représente le travail d'ex-
« pansion mesuré, Q_b la quantité de chaleur rendue par les parois
« du cylindre à la vapeur qui se détend et enfin Q_v'' la chaleur qui,
« pendant l'expansion est perdue par rayonnement extérieur ;
« comme on le voit facilement, et comme du reste je l'ai clairement
« établi dans mon premier résumé, il en résulte l'égalité

$$L_b - Q_b + Q_v'' = (G + G_0)(q_1 + x_1 \varrho_1) - (G + G_0)(q_2 + x_2 \varrho_2) \qquad \text{(II)}$$

« A ces deux équations s'ajoutent encore deux autres égalités que
« j'ai déjà également données (sous les numéros IV et V) dans mon
« premier exposé, mais que je dois encore écrire ici à nouveau.

« Pendant l'échappement de la vapeur au condenseur, la quantité
« de chaleur Q_c est donnée par les parois à la vapeur d'échappe-
« ment (c'est le refroidissement au condenseur des Alsaciens) ; L_c
« est en chaleur la valeur du travail de refoulement ; p_3 la pression
« de refoulement et t_3 la température à la fin de l'échappement,
« c'est-à-dire au commencement de la compression ; enfin soit G_i la
« quantité d'eau d'injection exprimée en kilogrammes par course,

---

[1] Cette équation, comme on voit, affecte deux ordres de phénomènes distincts :
1° la chute de pression sans travail entre la chaudière et le cylindre ; M. Hirn en
a toujours tenu compte et nous verrons plus loin comment il écarte cette cause
d'erreur par la place qu'il assigne au thermomètre de surchauffe ; 2° la chute de
pression, sorte de détente avec travail externe, pendant l'admission même ; son
effet thermique, en mettant à part les essais avec vapeur étranglée et grande
introduction se trouve toujours fort petit.

Quoi qu'il en soit, comme nous le verrons bientôt en passant aux exemples
numériques, la somme de ces deux erreurs dans le cas le plus défavorable de
l'étranglement de la vapeur n'atteint pas 2 %, et pour tous les essais à pleine
pression elle est inférieure à 1 %.

La faible valeur même de ces erreurs m'avait engagé à les négliger, comme je
l'ai déjà dit, pour ne point embarrasser une exposition qui devait avant tout être
simple et pratique.

« t_i sa température et t_4 la température de l'eau expulsée par la
« pompe à air, on a donc ici l'équation :

$$L_c + Q_c = G q_4 + G_1(q_4 - q_1) + G_0(q_3 + x_3 \varrho_3) - (G + G_0)(q_2 + x_2 \varrho_2) \qquad \text{(III)}$$

« Maintenant il ne nous reste plus qu'à considérer les phénomènes
« pendant la compression. Si l'on admet que pendant la compres-
« sion la quantité de chaleur Q_d soit rendue aux parois du cylindre
« et que L_d représente en unités de chaleur le travail de la com-
« pression, on obtient enfin la relation suivante :

$$L_d - Q_d = G_0(q_0 + x_0 \rho_0) - G_0(q_3 + x_3 \rho_3) \qquad \text{(IV)}$$

« Les quatre équations précédentes sont donc celles qui permet-
« tent de suivre les phénomènes qui se passent dans une machine
« à vapeur en ayant en main un diagramme d'indicateur ; pour le
« cas spécial que les Alsaciens ne perdent jamais de vue, il suffit
« de deux équations qui sont faciles à trouver en unissant les
« formules suivantes.

« Appelons L_i le travail indiqué exprimé en calories par coup de
« piston, on a :

$$L_i = L_a + L_b - L_c - L_d \qquad (3)$$

« Soit encore Q_v la perte totale de chaleur, y comprises les fautes
« d'observation et la chaleur produite par le frottement du piston,
« on a :

$$Q_v = Q'_v + Q''_v \qquad (4)$$

« Enfin, à l'état de régime normal, la quantité de chaleur
« qu'absorbent les parois du cylindre par coup de piston doit être
« égale à celle qu'elles rendent pendant le même temps à la vapeur ;
« il résulte donc l'équation suivante :

$$Q_a - Q_b - Q_c + Q_d = 0 \qquad (5)$$

Nous prévenons ici le lecteur que nous aurons à nous occuper
un peu plus loin de cette relation et de son exactitude dans le cas
où les observations relevées seraient fautives, car M. Zeuner nous
accuse ironiquement d'avoir basé notre vérification du refroidissement au condenseur R_c sur une identité.

« Si donc, comme le font les Alsaciens, nous portons exclusive-
« ment notre attention sur la quantité de chaleur Q_c qui, par

« course, est emportée au condenseur, si nous additionnons les
« équations (I) et (II) pour en retrancher l'équation (IV), et si
« de plus, nous employons pour simplifier les équations 3, 4 et 5,
« nous arrivons facilement à l'équation suivante :

$$Q_c = G\lambda \quad L_i - Q_v + G_0 (q_3 + x_3 \varrho_3) - (G + G_0)(q_2 + x_2 \varrho_2) - L_c \qquad \text{(V)}$$

« tandis que l'on peut tirer, mais directement, la même grandeur
« de l'équation (III) :

$$Q_c = G q_4 + G_i (q_4 - q_1) + G_0 (q_3 + x_3 \varrho_3) - (G + G_0)(q_2 + x_2 \varrho_2) - L_c \qquad \text{(VI)}$$

« En égalant les deux expressions, on trouve enfin :

$$L_i + Q_v = G(\lambda - q_4) - G_i (q_4 - q_i) \qquad \text{(VII)}$$

« équation que l'on aurait pu poser de suite, car elle forme la base
« de l'application de la théorie mécanique de la chaleur aux
« machines à vapeur. Le premier membre à droite est la quantité
« de chaleur à donner par coup de piston pour la formation de la
« vapeur, le second membre représente la chaleur qui est emmenée
« au condenseur ; la différence a disparu en partie (équation VII)
« sous forme de perte réelle (Q_v), en partie par transformation en
« travail L_i.

« Au fond, tout ce que l'on a appelé « Théorie pratique de Hirn »
« est de fait renfermé dans les deux équations (V) et (VI), et
« c'est sur elles aussi que s'appuient tous les calculs de Hallauer,
« bien qu'il ne les connaisse nullement sous la forme précédente ;
« il est remarquable aussi que les Alsaciens n'arrivent nulle part à
« l'équation (VII). »

Nous en demandons humblement pardon à M. Zeuner ; mais
nous sommes obligés de lui rappeler que son équation VII se trouve
dans tous nos travaux sous le titre de : *Vérification de la consommation*, partout où nous avons pu faire le jaugeage de l'eau injectée
au condenseur.

Quant à la forme que revêt l'équation (V) dans le travail de
M. Zeuner, nous allons avoir bientôt à nous en occuper.

« Pour l'usage pratique, pour l'appréciation des essais de machines
« à vapeur, les présentes équations peuvent s'écrire d'une manière
« encore plus simple ; il est clair que $G_0 x_3$ et $(G + G_0) x_2$ repré-

« sentent les poids de la vapeur renfermée dans le cylindre au
« commencement de la compression, puis à la fin de la course du
« piston. Si maintenant V_3 est le volume de la vapeur renfermée
« par suite du commencement de la compression, V_2 le volume à
« la fin de la course, ces deux valeurs renfermant bien entendu le
« volume de l'espace nuisible; de plus, si γ_3 et γ_2 sont dans les
« deux cas le poids spécifique de la vapeur saturée sèche aux pres-
« sions relatives p_3 et p_2, il vient :

$$G_0\, x_3 = V_3\, \gamma_3 \quad \text{et} \quad (G + G_0)\, x_2 = V_2\, \gamma_2 \qquad (6)$$

« Par analogie nous avons pour le commencement de l'introduc-
« tion et la fin de l'admission :

$$G_0\, x_0 = V_0\, \gamma_0 \quad \text{et} \quad (G + G_0)\, x_1 = V_1\, \gamma_1 \qquad (7)$$

« bien entendu lorsque l'on admet pour la dernière formule que
« l'état d'équilibre stable existe.

« Si l'on utilise l'équation (6) dans les relations (V) et (VI), il
« suit :

$$Q_e = G\,(\lambda - q_2) - L_i - Q_r - G_0\,(q_2 - q_3) - V_2\,\gamma_2\,\varrho_2 + V_3\,\gamma_3\,\varrho_3 - L_c \qquad (V^a)$$

« et de même :

$$Q_e = G\,(q_4 - q_2) + G_i\,(q_4 - q_1) - G_0\,(q_4 - q_3) - V_2\,\gamma_2\,\varrho_2 + V_3\,\gamma_3\,\varrho_3 - L_c \qquad (VI^a)$$

« J'emploie maintenant ces formules élémentaires pour discuter
« les objections de Hallauer; celui-ci mentionne quatre séries
« d'expériences faites sur la machine Hirn et calcule, pour chaque
« cas particulier (mais avec des détours épouvantables) et en suivant
« deux voies différentes, la quantité de chaleur Q_c qui est emportée
« au condenseur. Si l'on suit sa manière de voir et si l'on traduit
« ses calculs sous forme analytique (en supprimant les erreurs), on
« obtient les deux équations précédentes. Par des calculs numé-
« riques très volumineux (car Hallauer ne développe pas de formules)
« il cherche à prouver deux choses :

« 1° qu'il faut rejeter complétement mon assertion d'après
« laquelle la courbe d'admission et d'expansion n'est pas, rigou-
« reusement parlant, une courbe d'état d'équilibre stable, surtout
« vers le milieu de la course, d'après laquelle aussi les mesures

« prises sur les diagrammes pour la fin de l'admission peuvent
« donner des résultats incertains.

« 2° que, contrairement à mon assertion, il faut toujours consi-
« dérer la vapeur renfermée dans le cylindre au commencement de
« la compression, comme contenant une quantité très faible d'eau. »

Nous avons vu plus haut que M. Zeuner est déjà revenu en
partie lui-même sur sa première hypothèse de 1881, lorsqu'il dit
actuellement que la courbe du diagramme différera *seulement peu*
de la courbe des pressions d'équilibre stable. Quant à la seconde
hypothèse, il ne dit déjà plus, comme dans son premier travail,
qu'il faut attribuer à l'effet de l'eau renfermée dans l'espace nuisible
la *majeure partie* des condensations pendant l'admission.

Nous nous contentons d'enregistrer ces légères concessions,
résultats évidents de nos *volumineux calculs*, et nous continuons.

« Pour renverser ma première hypothèse, qui semble avoir tout
« particulièrement surexcité M. Hallauer, celui-ci calcule la valeur
« Q_c par la voie qu'indique mon équation (V^a) donnée plus haut.

« A l'exception de la quantité G_0, toutes les autres valeurs placées
« du côté droit de l'égalité s'obtiennent par l'observation ; d'après
« cela Hallauer, à titre de vérification dans ses exemples, calcule
« Q_c d'une façon qui est donnée par l'équation (VI^a), et il trouve
« dans les deux cas presque la même valeur pour Q_c, même quand
« il fait pour la quantité G_0 diverses suppositions. Et en conséquence
« de cette concordance, Hallauer s'écrie : Que subsiste-t-il mainte-
« nant encore de l'hypothèse de M. Zeuner, d'après laquelle le
« mouvement tumultueux de la vapeur au début de l'expansion
« doit fausser nos calculs ?

« Mais M. Hallauer ne remarque pas que les deux équations *ne*
« *contiennent plus du tout* la seule quantité décisive p_1, la pression
« à la fin de l'admission et le membre $(G + G_0)(q_1 + x_1 \rho_1)$ dont
« elle fait partie dans l'équation (I).

« En outre, il commet une erreur que l'on trouve aussi à
« reprendre dans tous ses précédents travaux, c'est-à-dire qu'il fait

« servir le calcul de Q_c tiré d'une équation comme *vérification* du
« calcul d'après l'autre, *quoique cependant ces deux équations* (V^a)
« et (VI^a) *soient identiques,* si seulement la condition formulée par
« l'équation (VII) est remplie pour les essais; mais c'est une condi-
« tion qui doit toujours être satisfaite. Il n'y a donc rien d'étonnant,
« et bien moins encore est-ce à considérer comme une preuve de
« l'exactitude des expériences, ou comme une réfutation de mes
« assertions, si les deux équations donnent pour Q_c *la même valeur.*
« Un coup d'œil sur celles-ci suffit pour reconnaître que *cette égalité*
« (il est à remarquer *que ce n'est pas l'exactitude de* Q_c *en lui-*
« *même*) a lieu lorsque l'on introduit dans les deux équations des
« valeurs entièrement fausses à la place des grandeurs qui ne
« figurent point dans l'équation (VII), c'est-à-dire pour G_0 et toutes
« celles qui sont marquées des indices (2) et (3). Hallauer trouve
« sans doute d'après des exemples particuliers les valeurs de Q_c
« différentes, suivant chacune des deux manières de calculer; et
« il considère les différences qu'il exprime en tant pour cent comme
« *ressortant des fautes d'observation!* Mais cette différence dans ses
« calculs ne provient seulement que de ce qu'il évalue la perte de
« chaleur Q_v au lieu de la calculer d'après l'équation (VII), en
« outre de ce qu'il oublie dans l'équation (V^a) le membre $G_0 (q_2 - q_3)$,
« enfin qu'il estime d'une manière inexacte Q_a. On reconnaît par
« là, qu'en ce qui concerne les calculs et la discussion des expé-
« riences, Hallauer *flotte complétement dans l'obscurité (im Unklaren*
« *schwebt);* mais particulièrement divertissante est la faute qu'il
« commet lorsqu'il prétend déterminer l'influence perturbatrice des
« tourbillons pendant l'admission à l'aide de deux équations des-
« quelles ont complétement disparu la valeur des grandeurs répon-
« dant à cette influence! Et c'est à une semblable exposition que
« Hirn donne sa pleine approbation; alors qu'il rend encore le
« lecteur particulièrement attentif à ce *beau* travail et ajoute : « Le
« résumé de M. Hallauer restera désormais un document insépa-
« rable de tout travail qui aura la prétention d'établir la théorie de
« la machine à vapeur sans heurter trop violemment les faits. » —

« Voilà en vérité une perspective réjouissante pour notre future
« théorie des machines à vapeur ! ! »

Ainsi, d'après M. Zeuner, nous calculons deux valeurs de Q_c
(disons R_c) pour les vérifier ensuite l'une par l'autre, et cela à
l'aide de deux relations (V) et (VI) qui sont identiques si la condition (VII) est satisfaite; c'est de l'égalité de ces deux valeurs que
nous déduisons l'exactitude de p_1 et nous ne remarquons pas que
précisément ces deux relations (V) et (VI) ne contiennent pas la
quantité décisive p_1 qu'il faut étudier.

Je conçois parfaitement que cette idée, qui serait lumineuse
d'étourderie si la remarque était fondée, ait paru tout particulièrement réjouissante à M. Zeuner; mais avant d'écrire les lignes que
l'on vient de lire, il aurait dû s'assurer si la relation (VII) est bien
la seule condition qui entraîne l'identité des deux équations (V) et
(VI); si, comme il le dit, cette relation (VII) une fois satisfaite, on
peut prendre pour les quantités qui n'y figurent pas, G_0, etc.,
différentes valeurs même fausses, et cependant obtenir deux valeurs
égales pour Q_c (disons R_c).

Voyons en peu de mots ce qui en est réellement.

D'abord l'équation (VII) est juste, non seulement pour le cas
d'équilibre stable des pressions, mais aussi pour nos essais où, par
l'hypothèse de M. Zeuner, les tourbillons faussent la pression p_1.
Il est facile de s'en rendre compte. La seule erreur qui puisse
affecter la relation (VII) par suite de p_1, portera sur L_i (travail
indiqué en calories); il faut déjà un écart très considérable de p_1
pour fausser le travail de 10 pour cent de la valeur intrinsèque,
et cela ne donne cependant qu'environ 1 pour cent d'erreur sur le
total des calories apportées au cylindre. C'est même là un des points
remarquables à étudier sur moteurs à vapeur et que nous devons
signaler; car une erreur aussi forte sur le travail se reporte directement sur la consommation de la machine, sans affecter cependant
l'analyse calorimétrique d'une manière notable. Nous ne parlons pas
de Q_v; cette valeur est expérimentalement correcte, car elle est
obtenue par comparaison de la machine Hirn avec des machines à

enveloppe de vapeur, où nous la prenions directement. Donc pour nos essais bien faits la condition (VII) est toujours remplie.

De même l'équation (VI), qui ne contient que la chaleur retrouvée au condenseur et la pression finale de la détente p_2, q_2, ρ_2, est juste en tout état de cause, M. Zeuner lui-même admettant que les tourbillons ont cessé complétement vers la fin de l'expansion.

Il est bien entendu que, pour le moment, puisqu'il n'est question ici que des tourbillons et de leur effet sur p_1, nous laissons de côté toute discussion sur la valeur de G_0, le poids de vapeur et d'eau comprimée.

Ceci posé, reprenons les développements de M. Zeuner : il ajoute (I) et (II), retranche (IV) de leur somme, puis tenant compte des relations (3), (4) et (5), il arrive à une équation (V) qui ne contient plus p_1, q_1, ρ_1, et se trouve être identique à l'équation (VI) lorsque la condition (VII) est remplie ; ce qui arrive toujours, comme nous venons de le voir, même pour nos essais.

Mais toutes ces opérations algébriques ne sont correctes que pour la courbe idéale des pressions en équilibre stable ; nous disons qu'elles sont impossibles pour une courbe quelconque de l'un de nos essais, où, par hypothèse, la pression p_1 est faussée par les tourbillons. Il est facile de s'en assurer.

L'équation (IV) ne concerne que la compression, nous n'avons pas à nous en occuper ; nous n'avons rien à dire non plus des relations (3) et (4).

Par contre, l'équation (I), qui doit servir à évaluer Q_a, la quantité de chaleur fournie aux parois du cylindre pendant l'admission, donne un résultat faux pour nos essais ; car elle renferme $q_1 \rho_1$ faussés par les tourbillons. Il en est de même de l'équation (II), qui, pour le même motif, donne inexactement la quantité Q_b de chaleur rendue par les parois pendant l'expansion.

Quant à la relation (5)

$$Q_a - Q_b - Q_c + Q_d = 0,$$

elle n'est pas possible dans l'hypothèse des tourbillons. Car, si nous pouvons obtenir exactement Q_c (disons R_a) par l'équation (VI) et en dehors de toute hypothèse sur p_1, nous ne pouvons tirer des équations (I) et (II) que des valeurs inexactes pour Q_a et Q_b, puisque les résultats de nos essais, fautifs par hypothèse, y entrent. Cette relation (5) ne peut donc être satisfaite pour nos expériences.

C'est même là le nœud de ma vérification que M. Zeuner traite si dédaigneusement.

Nos lecteurs ont dû remarquer que cette relation (5) est celle qui de tout temps nous a servi à déterminer R_c par la première méthode.

Je puis considérer R_c comme inconnu, introduire dans l'équation (5) Q_a, Q_b déduits de nos observations à l'aide des relations (I) et (II), mais fautifs par hypothèse, et comparer le résultat du calcul à la valeur correcte R_c déduite de l'équation (VI) ; c'est ce que j'ai fait dans ma précédente réfutation.

Plus ces deux valeurs de R_c seront rapprochées, plus les deux relations (I) et (II) ainsi que la relation (5) seront correctes, plus nos courbes d'indicateur seront rapprochées des courbes idéales de M. Zeuner ; moins les tourbillons auront d'influence.

C'est là, n'en déplaise à M. Zeuner, une vérification et non une identité ; cette vérification ne devient une identité que lorsque l'effet des tourbillons est nul ; c'est ce que j'avais à prouver, et ce que j'ai prouvé dans ma première réfutation.

Il résulte de là, comme conséquence réciproque, que nos essais, indiquant des différences insignifiantes entre les deux valeurs de R_c, sont assez tolérablement bien faits.

Le lecteur peut voir maintenant si l'accusation ironique de M. Zeuner est convenablement placée, et se demander même comment il a pu se faire qu'un analyste de la force de M. Zeuner en soit arrivé à commettre cette faute de Physique que nous ne voulons pas qualifier du titre qu'il accorde si libéralement à nos prétendues erreurs.

« C'est avec intention que je n'ai pas fait ressortir, dans mon
« dernier exposé, les fautes grossières que Hallauer a commises
« déjà dans ses précédents travaux ; je croyais pouvoir admettre
« qu'au moins dans une certaine mesure, Hirn et Hallauer pren-

« draient en considération et soumettraient à l'épreuve mes déve-
« loppements analytiques ; mais je me suis fait illusion en ce sens ;
« s'appuyant probablement sur le bon témoignage que lui avait
« donné Hirn, Hallauer se permet même de devenir impoli : j'em-
« ploie la forme la plus douce. Dans ces conditions je ne crois plus
« nécessaire de recourir à l'indulgence, bien plus, je regarde
« comme un devoir de présenter une fois dans toute leur lumière
« les développements de Hallauer.

Où M. Zeuner a-t-il vu dans notre précédente réfutation que
nous ayons outrepassé les bornes de la politesse? est-ce parce que
nous nous demandons ce qu'il peut bien rester de son hypothèse
sur les tourbillons?

Est-ce parce que nous concluons en ces termes : l'action thermique des parois métalliques, même lorsque l'on adopte les
hypothèses de M. Zeuner, subsiste dans toute son intégrité, se
dresse en face de ses objections et les renverse? ce que l'éminent
analyste aurait facilement reconnu si, au lieu d'introduire simplement dans ses formules nos données d'expérience, il les avait
discutées en physicien, comme nous venons de le faire.

De fait, M. Zeuner, dans son récent travail, n'apporte pas une
seule objection valable contre ce qu'il appelle nos volumineux
calculs, et quant à ce qui concerne la seconde partie de notre
remarque, nous venons de voir à l'instant dans quelle limite elle est
fondée.

S'il nous accuse d'impolitesse, que devrions-nous dire des
passages analogues au suivant que l'on rencontre dans son premier
travail : *Um nun dennoch die Annahme aufrecht erhalten zu können,
dass beim Beginn der Compression der Cylinder kein Wasser mehr
enthalte, hat man zu der Behauptung gegriffen, dass beim Beginn
des Ausströmens infolge der stürmischen Bewegung des Dampfes nach
dem Condensator alles vorhandene Wasser mit fortgerissen werde.
Das ist nun freilich ein einfaches Mittel, sich von der unbequemen
Wassermenge zu befreien, welche gerade den Werth der Wärme-
menge Q_c, wie er sich aus den G l n (IV$_a$) und (IV^b) berechnet, auf*

das Stärkste beeinflusst! Ich kann mich dieser Ansicht nicht anschliessen : « Pour pouvoir soutenir encore que le cylindre ne
« contient plus d'eau au commencement de la compression, on
« est venu à admettre qu'au moment où la vapeur commence à se
« jeter au condenseur, toute l'eau est entraînée par suite des mou-
« vements impétueux du gaz aqueux. Ceci, il faut bien l'avouer,
« est un moyen fort simple de se débarrasser de cette masse d'eau
« si incommode, qui précisément influe le plus sur la valeur de Q_c,
« comme le montrent les équations (IV^a) et (IV^b)!! Je ne puis me
« rallier à cette manière de voir. »

Nous avons, aux yeux de M. Zeuner, le tort très grave de contredire ses assertions; mais nous avons l'intention de le faire et nous le faisons dans les termes convenables d'une discussion scientifique.

M. Hirn, tout le premier, lui donne l'exemple de l'indulgence dont il faut user à l'égard de quelques passages plus ou moins vifs qui peuvent se glisser dans une discussion, du moment qu'ils ne sont ni voulus ni prémédités; ne dit-il pas, en effet, que le premier travail de M. Zeuner est conçu dans les termes les plus polis et même les plus flatteurs pour les chercheurs alsaciens?

Quant à la forme que revêt, sous la plume de M. Zeuner, son second travail, nous laissons au lecteur le soin de l'apprécier.

Poursuivons. M. Zeuner s'occupe des développements algébriques exposés plus haut, mais il le fait dans un sens entièrement opposé à ce que nous venons d'en dire.

« A première vue il doit presque paraître incroyable qu'il soit
« possible de commettre des erreurs comme celles dont je viens de
« parler; je veux donc encore mieux en signaler l'origine.

« Dans les deux équations données ci-dessus (I) et (II), dont
« l'une traite des phénomènes de l'admission, l'autre de ceux de
« l'expansion, apparaît le terme $(G + G_0)(q_1 + x_1 \rho_1)$ qui repré-
« sente l'état de la vapeur à la fin de l'admission; mais il figure
« dans les deux équations avec des signes contraires et, par suite,
« *disparaît* lorsqu'on les additionne et qu'on les assemble avec

« l'équation (IV) ; c'est ce qui est arrivé plus haut pour l'évalua-
« tion de Q_c, que l'on suppose les valeurs de q_i, x_i, ρ_i, provenant
« ou non de l'état d'équilibre des pressions ; comme les Alsaciens
« n'ont devant les yeux que leur recherche de Q_c, alors même, en
« admettant qu'ils calculent exactement, leurs expériences ne
« seraient absolument pas touchées par la question que je soulève.
« Rien de tout cela n'a été touché ni par Hirn ni par Hallauer ;
« tous deux ne connaissent pas l'équation (I) et ils calculent la
« quantité de chaleur qu'elle donne Q_a, chaleur qui est amenée aux
« parois du cylindre pendant l'admission, d'une manière tout à fait
« fausse. Pour mettre en lumière l'inexactitude de leur méthode de
« calcul, je vais déduire leur équation de mon équation (I). D'abord
« les Alsaciens ne tiennent nullement compte de l'espace nuisible ;
« donc ils posent $G_0 = 0$; ensuite ils négligent l'influence de
« l'étranglement ; ils admettent ainsi la pression et la température à
« la fin de l'admission (p_4 et t_4) comme identique à la pression et à
« la température dans la chaudière (p et t) ; d'où il suit pour
« l'équation (I)

$$L_a + Q_a + Q'_v = G \left(\lambda - q_4 - x_4 \rho_4 \right),$$

« ou encore, puisque l'on peut poser aussi $L_a = AG\,p_4\,u_4\,x_4$, il
« résulte pour de la vapeur humide

$$Q_a + Q'_v = G\,r_4\,(x - x_4) \qquad (\text{I}^\text{a})$$

« et pour de la vapeur surchauffée

$$Q_a + Q'_v = G\left[r_4\left(1 - x_4\right) + c_p\left(t_x - t_4\right)\right]. \qquad (\text{I}^\text{b})$$

« Voilà donc les deux équations que Hirn et Hallauer emploient
« au lieu de l'équation juste (I).

« Si maintenant l'on unit, d'après le cas précédent, l'une ou
« l'autre de ces deux équations inexactes avec les équations men-
« tionnées ci-dessus (II) et (IV), comme je l'ai fait avec l'équation
« (I) pour en tirer la quantité Q_c, ne s'aperçoit-on pas qu'au lieu
« de notre formule (V) et (V^a), il en sortira une équation qui con-
« tient encore les valeurs x_4, t_4, r_4, répondant à la pression p_4 à
« la fin de l'admission ; c'est là ce qui fait croire à Hirn et Hallauer
« que ces termes ont une influence sur le résultat Q_c. »

Ainsi voilà la base du raisonnement de M. Zeuner, la faute grossière que nous aurions commise. Nous aurions supposé la pression de la chaudière égale à la pression à la fin de l'admission, et que par suite la pression p_1 a une influence sur R_c.

Que dira donc M. Zeuner si nous lui prouvons, comme nous allons le faire, que nous avons le droit de poser cette égalité de pression pour une bonne partie de nos essais, ceux faits avec vapeur surchauffée.

Si la pression réelle que nous devons prendre diffère assez peu de la pression p_1 pour que les erreurs de calcul tombent au-dessous des erreurs d'observation, en résultera-t-il que p_1 influera sur R_c?

On n'a qu'à se reporter aux développements que j'ai donnés plus haut pour se convaincre de l'inexactitude du raisonnement précédent, basé, comme nous l'avons dit, sur une erreur de Physique et qui n'est que spécieux.

Nous venons de dire que nous avons en quelque sorte le droit de prendre la pression p_1 à la fin de l'admission pour calculer la chaleur Q_a cédée aux parois, du moins pour un bon nombre de nos essais avec vapeur surchauffée. M. Zeuner sait-il où M. Hirn avait placé le thermomètre indiquant le degré de surchauffe? certainement non, car alors il n'aurait attribué à son étranglement de vapeur qu'une influence de principe et ne s'en serait pas servi pour condamner indistinctement tous nos essais.

M. Hirn a fort judicieusement placé ce thermomètre tout près du cylindre et au-delà de la valve de mise en marche du moteur; cela dans le seul but de se débarrasser ainsi de la portion la plus considérable de l'étranglement de la vapeur; c'est dans ces conditions qu'il a cru pouvoir prendre, sans erreur sensible, la pression d'admission pour calculer Q_a.

Chacun comprendra facilement que tout ce qui se passe entre la chaudière et l'extrémité du tuyau, perte de charge par frottements, étranglements, refroidissements, etc., est indiqué par le thermomètre, puisqu'il n'y a pas de travail externe rendu.

On n'a plus à s'inquiéter que de la perte de charge entre le tuyau et l'intérieur du cylindre; or nous avons évalué celle-ci à diverses reprises, elle mesure $0^k,352$ par centimètre carré pour une valeur de $p_1 = 3^k,788$ et $0^k,267$ pour une pression de $3^k,032$; elle diminue avec la pression p_1. Pour avoir les valeurs exactes de p, t, etc., qui doivent entrer dans les formules de M. Zeuner, il faut ajouter à la pression de l'admission de $0^k,250$ à $0^k,350$ suivant les cas; la correction a donc considérablement diminué, elle rentre alors dans les limites d'approximation de nos résultats directs d'observation.

« La différence entre le calcul exact et le calcul inexact ressort « clairement de certains exemples; mais avant de traiter les calculs « numériques, je veux encore étendre mes développements au cas « où la vapeur serait surchauffée à la fin de l'expansion et au « commencement de la compression; cas que jusqu'ici Hirn lui- « même n'a pas encore pris en considération.

« Cette condition supposée se vérifierait si, dans les deux équa- « tions (6) :

$$G_0\, x_3 = V_3\, \gamma_3 \quad \text{et} \quad (G + G_0)\, x_2 = V_2\, \gamma_2 \qquad (6)$$

« x_2 et x_3 ou l'une seulement de ces deux valeurs étaient plus « grande que l'unité.

« Mais d'après mes recherches sur la vapeur surchauffée la « chaleur de cette vapeur est suffisamment établie par la formule J

$$J = J_0 + \frac{A\,p\,v}{\chi - 1}$$

« où $J_0 = 476,11$; $\chi = \frac{4}{3}$ et $A = \frac{1}{424}$; v est le volume spéci- « fique de la vapeur surchauffée. Pour simplifier la manière d'écrire, « j'adopterai dorénavant la nouvelle dénomination

$$J = \alpha + \beta\,p\,v \qquad (8)$$

« où, d'après ce qui précède,

$$\alpha = 476,11 \quad \text{et} \quad \beta = \frac{A}{\chi - 1} = 0,007075$$

« et où la pression p est à substituer en kilogrammes. La formule

« (8) entre donc dans l'équation plus haut en place de $(q + x\rho)$
« et, par suite, on a à poser dans l'équation (V)

$$(G + G_0)\,(\alpha + \beta\,p_2\,r_2) = (G + G_0)\,\alpha + \beta\,p_2\,V_2 \qquad (9)$$

« à la place de $(G + G_0)\,(q_2 + x_2\,\rho_2)$ et de même

$$G_0\,(\alpha + \beta\,p_3\,r_3) = G_0\,\alpha + \beta\,p_3\,V_3 \qquad (10)$$

« à la place de $G_0\,(q_3 + x_3\,\rho_3)$.

« Comme en outre l'équation relative à l'état de surchauffe est

$$p\,v = B\,T - C\,\sqrt[4]{p} \qquad (11)$$

« il vient pour les deux cas

$$V_2\,p_2 = (G + G_0)\,(B\,T_2 - C\,\sqrt[4]{p_2}) \qquad (12)$$

« et

$$V_3\,p_3 = G_0\,(B\,T_3 - C\,\sqrt[4]{p_3}) \qquad (13)$$

« d'après lesquelles on peut calculer la température T_2 à la fin de
« l'admission et la température T_3 au commencement de la com-
« pression ; si p_2 et p_3 y sont substitués en kilogrammes, il faut
« poser

$$B = 50{,}933 \quad \text{et} \quad C = 192{,}50.$$

« D'après mon opinion la vapeur dans le cylindre au commence-
« ment de la compression devra toujours être supposée humide, donc
« $x_3 < 1$; pour le calcul des essais alsaciens ou des essais futurs
« qui seraient à faire sur machines existantes, et si je veux me
« résumer rapidement, il n'y aura à tenir compte que des équations
« suivantes :

$$L_i + Q_v = G\,(\lambda - q_4) - G_i\,(q_4 - q_i) \qquad (A)$$

« D'après cela on détermine Q_v ; cette équation qui n'a de valeur
« que pour les machines à condensation sert de contrôle essentiel à
« l'essai.

« Maintenant on cherche au moyen de l'équation

$$(G + G_0)\,x_2 = V_2\,\gamma_2 \qquad (B)$$

« si x_2 est plus petit ou plus grand que l'unité ; dans le premier
« cas la vapeur est mélangée d'eau à la fin de l'expansion, et

« ensuite on calcule la quantité de chaleur Q_c, qui est emmenée au
« condenseur, à l'aide de l'équation (V^a), soit :

$$Q_c + Q_v + G_0 (q_2 - q_3) = G (\lambda - q_2) + V_3 \gamma_3 \varrho_3 - V_2 \gamma_2 \varrho_2 - L_i - L_c \qquad (C)$$

« Si, au contraire, d'après l'équation (B), x_2 est plus grand que
« l'unité, si, par suite, la vapeur est surchauffée à la fin de l'ex-
« pansion, on trouve par la voie que j'ai indiquée :

$$Q_c + Q_v + G_0 (\alpha - q_3) = G (\lambda - \alpha) + V_3 \gamma_3 \varrho_3 - \beta V_2 p_2 - L_i - L_c \qquad (D)$$

« Ici λ est à calculer d'après l'équation (1^a) ou (1^b). Cette réunion
« d'équations contient, sous la forme la plus complète et la plus
« rigoureuse, les bases du calcul ; les relations (C) et (D) servent
« aussi pour les machines sans condensation.

« Quelques exemples peuvent maintenant servir à les mettre en
« lumière. Des quatre exemples que Hallauer cite dans sa réfutation,
« j'en prends immédiatement le premier et je considère comme
« corrects tous les résultats d'essais trouvés.

« Exemple I (Essai de la machine Hirn, du 27 août 1875). —
« Emploi de vapeur surchauffée à une température de $t_x = 223°$;
« pression à la chaudière $p = 48075$; température à la chaudière
« $t = 150°$.

« Poids de vapeur par coup de piston $G = 0^k,2822$.

« Poids d'eau injectée au condenseur par coup de piston $8^k,5983$.

« Température initiale de celle-ci $t_i = 16°,5$; température finale
« $t_4 = 35°,26$.

« Travail indiqué $L_i = 21,86$ calories.

« A l'aide de ces données on calcule d'après les formules empi-
« riques connues et l'équation (1_b) $\lambda = 687^c,33$ (quantité de
« chaleur contenue dans 1 kilogramme de vapeur) ; puis alors
« d'après l'équation (A)

$$Q_v = 0^c,85,$$

« valeur que l'on peut considérer comme correcte.

« Hallauer estime cette quantité de chaleur perdue par course à
« $2^c,5$, aussi bien pour cet essai que pour tous les autres faits sur
« le même moteur ; il avance ainsi implicitement que ce résultat
« d'observation n'a pas une certitude suffisante. »

Nous avons dit plus haut comment on arrive expérimentalement, mais d'une manière indirecte à ces $2^c,5$. Quelles raisons peuvent engager M. Zeuner à considérer $0^c,85$ comme correct ? tandis qu'il est évident pour quiconque s'est occupé du refroidissement des machines à enveloppe que ce chiffre est plus de deux fois trop faible.

« Dans ce qui suit Hallauer pose pour cet exemple les données « suivantes :

« Volume de la vapeur dans le cylindre, y compris les espaces « nuisibles, en mètres cubes et au commencement de l'expansion « $V_1 = 0,2224$, à la fin de la course $V_2 = 0,4900$, au commen- « cement de la compression $V_3 = 0,0400$; espace nuisible « $V_0 = 0,0050$.

« De plus la pression de la vapeur aux points de la course du « piston indiqués par le diagramme d'indicateur $p_1 = 23070^{kg}$; « $p_2 = 8417^{kg}$; $p_3 = 1447^k$ et $p_0 = 5787^k$: les températures « correspondantes sont pour l'état de saturation : $t_1 = 124°$ (nous « insistons sur l'état d'équilibre stable) $t_2 = 94°,4$, $t_3 = 52°,95$ et « $t_0 = 84°,57$.

« Enfin Hallauer donne en calories et relevés sur le diagramme « d'indicateur, le travail d'admission $L_a = 14^c,79$; le travail « d'expansion $L_b = 9^c,24$; le travail de refoulement $L_c = 1^c,97$; « le travail de compression $L_d = 0^c,20$.

« Si j'emploie maintenant les valeurs données, et comme $\gamma_2 =$ « $0,4999$, on trouve d'abord :

$$(G + G_0)\, x_2 = V_2\, \gamma_2 = 0,2449$$

« Mais comme $G = 0^k,2822$, il suit que, sans prendre en con- « sidération la quantité G_0, nous avons $x_2 < 1$; il existe donc à « la fin de l'expansion de l'eau à côté de la vapeur ; pour continuer « les recherches, il faut employer l'équation (C) avec laquelle je « trouve :

$$Q_c + Q_v + G_0\,(q_2 - q_3) = 22^c,78 \qquad (14)$$

« tandis que Hallauer, en négligeant la masse restée dans l'espace « nuisible, c'est-à-dire en posant $G_0 = 0$, obtient

$$Q_c\ (\text{soit } R_c) + Q_v = 25^c,24$$

« Si cette différence ne devait pas paraître assez grande pour
« justifier mon blâme sévère sur la façon de calculer de Hallauer,
« je ferais remarquer seulement qu'une partie de ses fautes de
« calcul se compensent. Ce qui suit pourra le mieux faire ressortir
« le peu de compte que l'on a à tenir de ses données. »

Ainsi pour expliquer l'exactitude relative de ce premier résultat
qui vient contredire ses objections, M. Zeuner en est réduit à poser
que mes erreurs de calcul se compensent ; le lecteur saura apprécier la force de cet argument ; il peut voir de plus que la différence
entre les résultats de M. Zeuner et les miens diminue singulièrement lorsque l'on remplace Q_v par sa valeur.

M. Zeuner pose $Q_v = 0^c,85$, je prends $Q_v = 2^c,5$, de telle sorte
que la valeur $Q_c = 22^c,78 - 0^c,85 = 21^c,93$ obtenue par
M. Zeuner ne diffère de la valeur $Q_c = 25^c,24 - 2^c,5 = 22^c,74$
que de $0^c,81$!

Telle est la première grossière erreur à laquelle me conduisent
mes calculs. En présence d'un pareil résultat il peut paraître inutile,
je pense, de rechercher les différences que pourraient donner tous
les autres essais.

Un seul suffira comme second exemple, l'essai du 7 septembre
1875, avec vapeur surchauffée à $195^\circ,5$, fait à pleine pression,
sans autre étranglement que celui qui résulte de l'écoulement par
les tuyaux d'amener.

La formule (C) de M. Zeuner devient, en négligeant G_0 (masse
restée dans l'espace nuisible) :

$$Q_c + Q_v = G(\lambda - q_2) - V_2 \gamma_2 \rho_2 - L_i - L_c,$$

où $\lambda = 673^c,97$; $q_2 = 85^c,32$; $V_2 \gamma_2 \rho_2 = 89^c,45$; $L_i = 19^c,97$;
$L_c = 2^c,14$.

En y substituant ces différentes valeurs, M. Zeuner trouverait :

$$Q_c + Q_v = 20^c,30$$

tandis que j'ai obtenu :

$$R_c + Q_v = 18^c,80 + 2^c,50 = 21^c,30$$

M. Zeuner peut-il encore cette fois justifier la minime différence
de 1 calorie par des compensations d'erreurs de calcul ?

« Si je reviens à mes formules primitives et que j'accorde que
« l'on puisse considérer la pression p_1 à la fin de l'admission
« comme une pression d'équilibre stable ; bien que cela ne soit
« certainement pas permis lorsqu'il s'agit de recherches appro-
« fondies, on pourrait évaluer la quantité Q_a d'après l'équation (I)
« et la quantité Q_b d'après l'équation (II) ; pour ceci il faut d'abord
« examiner si la vapeur à la fin de l'admission est surchauffée. A
« cet effet je calcule la valeur x_1 d'après l'équation (7) qui devient

$$(G + G_0)\, x_1 = V_1\, \gamma_1 = 0,2866$$

« Comme $G = 0,2822$, on reconnaît qu'en effet il y a surchauffe,
« dès que la masse restée dans l'espace nuisible est $G_0 \leq 0^k,0044$.
« Dans ce cas on doit substituer suivant la relation (9)

$$(G + G_0)\,(q_1 + x_1\, \rho_1) = (G + G_0)\, a + \beta\, V_1\, p_1$$

« dans les équations (I) et (II), tandis qu'avec l'hypothèse $G_0 >$
« 0,0044 il faut poser

$$(G + G_0)\,(q_1 + x_1\, \rho_1) = (G + G_0)\, q_1 + V_1\, \gamma_1\, \rho_1$$

« Pour ne pas devenir prolixe je veux seulement donner les
« résultats du calcul pour la première hypothèse $G_0 < 0,0044$;
« je tire des 3 équations (I), (II) et (III) :

$$Q_a + Q_v' - G_0\,(q_0 - a + x_0\, \rho_0) = \qquad 8^c,52 \qquad (15)$$
$$Q_b - Q_v'' + G_0\,(a - q_2) \qquad = -12^c,02 \qquad (16)$$
$$Q_d + G_0\,(q_0 - q_3 + x_0\, \rho_0) \qquad = \qquad 2^c,24 \qquad (17)$$

« Ces équations réunies sous la forme

$$Q_c = Q_a - Q_b + Q_d$$

« donnent de nouveau le résultat trouvé par l'équation (14).

« Si je néglige les deux parties Q_v' et Q_v'' de la perte de chaleur
« Q_v, et si je supprime, comme le fait Hallauer, la masse G_0 restée
« dans le cylindre, l'équation (15) me donne $Q_a = 8^c,52$ comme
« quantité de chaleur cédée aux parois du cylindre pendant l'admis-
« sion. Hallauer calcule, d'abord en prenant l'équation inexacte (I_b)
« donnée plus haut ; puis en posant encore faussement que la
« vapeur est saturée sèche à la fin de l'admission, et il obtient
« $Q_a = 13^c,96$! Cet énorme écart repose sur l'hypothèse erronée
« de Hirn et Hallauer : à savoir que l'étranglement n'a aucune

« influence et que tout le cycle de l'admission est réversible. Pour
« la machine dont il s'agit, travaillant dans le rapport d'expansion
« $^1/_2$ l'étranglement est considérable ; la pression de la chaudière
« s'élève à 48075^k et la pression à la fin de l'admission est de
« 23070^k. »

Cette différence énorme ! 13°,96 — 8°,52 = 5°,44 est en somme
seulement les $\dfrac{5,44}{194,36} = 2\,°/_0,8$ de la chaleur totale apportée au
cylindre ; elle rentre donc encore dans les limites de l'exactitude
avec laquelle on peut faire un essai pratique.

Mais il y a plus ; si, dans ma réfutation, j'ai cru devoir négliger
la surchauffe à la fin de l'admission, c'est que pour être plus facilement compris, j'ai voulu donner aux essais de vapeur étranglée
la forme que j'adoptais pour les autres.

Ayant plusieurs essais pour prouver à M. Zeuner qu'un poids
d'eau considérable, égal même à la dépense de vapeur, n'affectait
que fort peu l'action des parois, que bien plus il était physiquement
impossible de laisser tant d'eau dans le cylindre, j'avais cru qu'il
considérerait cette partie de ma réfutation dans son ensemble et
non sur un cas isolé.

Du reste que M. Zeuner se reporte à notre mémoire de 1877,
il y trouvera évaluée, d'une manière empirique et inexacte il est
vrai, l'effet de la surchauffe à la fin de l'admission ; mais cela
prouve suffisamment que nous ne l'avions pas oubliée ; il verra que
nous posons $Q_a = 11°,56$, et alors quelle est l'importance de
l'erreur énorme 11°,56 — 8°,52 = 3°,04 ou $1\,°/_0,6$ de la chaleur
totale apportée au cylindre.

M. Zeuner nous objecte l'effet de l'étranglement de la vapeur ;
mais nous avons dit plus haut comment M. Hirn se débarrasse
de cette cause d'erreur par la place qu'il assigne au thermomètre
de surchauffe ; par conséquent M. Zeuner lui-même commet une
erreur en prenant, dans le calcul de Q_a, la pression de la chaudière
au lieu et place de la pression au point où se trouve placé le thermomètre.

Admettons cependant encore une fois cette manière inexacte de calculer et voyons, pour l'essai du 7 septembre 1875, la différence qu'elle peut donner avec celle qui prend la pression de l'admission p_1 au lieu de la pression à la chaudière.

Négligeons aussi le poids resté dans l'espace nuisible, posons $G_0 = 0$, l'équation (I) de M. Zeuner devient :

$$Q_a + Q_v' = G\,(\lambda - q_1 - x_1\,\rho_1) - L_a$$

où

$$G\,\lambda = 0^k,2240 \times 673^c,97 = 150^c,97$$
$$G\,q_1 = 0^k,2240 \times 143^c,26 = 32^c,09$$
$$G\,x_1\,\rho_1 = V_1\,\gamma_1\,\rho_1 = 0^{m3},0798 \times 2^k,1160 \times 462^c,68 = 78^c,13$$

et le travail d'admission $L_a = 7^c,80$.

En effectuant ces opérations il vient pour $Q_a + Q_v' = 32^c,95$ et nous avions trouvé $33^c,95$!

Le lecteur est certes en droit de se demander si M. Zeuner ne compte pas un peu sur sa crédulité en insistant sur nos énormes et grossières erreurs.

« Dans les calculs précédents Q_b est la quantité de chaleur qui,
« par course et pendant l'expansion, est rendue par les parois à la
« vapeur ; or je trouve d'après l'équation (16) la valeur Q_b néga-
« tive ; dans le cas précédent l'inverse avait eu lieu ; que dis-je ! la
« quantité de chaleur cédée aux parois pendant l'expansion est ici
« même beaucoup plus grande que la quantité qu'elles ont absorbée
« pendant l'admission. Que Q_b puisse dans de certaines circonstances
« devenir négatif cela est incontestable ; mais c'est une autre ques-
« tion de savoir si les résultats que l'on a trouvés sont conformes à
« la réalité ; peut-être qu'au lecteur s'imposera la supposition que
« quelques-unes des assertions posées par Hallauer et faisant la base
« de son calcul ne méritent pas grande confiance.

« Hallauer continue ses calculs sur le même exemple en faisant
« diverses hypothèses sur la valeur de G_0, c'est-à-dire le poids de
« vapeur resté dans le cylindre au commencement de la compression ;
« son but est de prouver que l'on peut toujours négliger cette
« grandeur ; si les calculs de Hallauer sont déjà inexacts jusqu'ici

« comme je viens de le prouver, à plus forte raison en est-il ainsi
« pour les suivants ; toutes ces fautes se répètent aux trois exemples
« qu'il traite encore. »

« Je ne veux pas pousser plus loin cet examen, d'autant plus
« que mes équations générales citées ci-dessus (C) et (D) laissent
« apercevoir déjà, sans pousser plus loin le calcul, quelle peut être
« l'influence du terme affecté du facteur G_0.

« Un point encore me reste à faire ressortir. Dans mon dernier
« travail j'avance que, dans les essais futurs on pourra déjà tirer
« de la marche de la courbe de compression une appréciation con-
« cluante du poids de vapeur et surtout du poids d'eau restés dans
« l'espace nuisible.

« Hallauer tient note de cette observation et dit qu'il est clair que
« les parois du cylindre absorbent de la chaleur pendant la com-
« pression ; il faudrait donc d'après mon équation (IV) ci-dessus
« exposée (elle figure déjà dans ma première critique) que la
« quantité de chaleur Q_d soit positive.

« D'après ce qui précède l'équation peut s'écrire comme suit :

$$Q_d = L_d - G_0 (q_0 - q_3) + (V_3 \gamma_3 \rho_3 - V_0 \gamma_0 \rho_0)$$

« et il faudrait poser

$$G_0 \leqq \frac{L_d + (V_3 \gamma_3 \rho_3 - V_0 \gamma_0 \rho_0)}{q_0 - q_3}$$

« Dans l'exemple précédent on trouve en utilisant les résultats
« donnés

$$G_0 \leqq 0,0424$$

« valeur nullement insignifiante. Je trouve cependant que pour la
« machine dont il est question ce genre de calcul est inexact, la
« compression est beaucoup trop faible pour pouvoir fixer cette
« question avec certitude, de plus les mesures sont aussi trop
« incertaines, spécialement en ce qui concerne le volume V_0 pour
« lequel il ne faudrait pas prendre l'espace nuisible mais bien celui
« qu'offre le cylindre au moment où commence l'introduction. »

Nous ferons observer ici à M. Zeuner qu'il est toujours possible pour ces mesures de s'en tenir, soit au commencement, soit à la fin de la compression, à des points de la courbe tels que l'on puisse éviter l'erreur de volume dont il parle ici, et cela sans commettre d'erreur grave sur les autres données.

« Le point essentiel de notre différence d'opinion réside bien « moins dans la valeur plus ou moins grande que l'on peut attri- « buer à la quantité G_0 ; mais plutôt dans le fait de savoir s'il faut « ou non faire en général entrer cette grandeur dans les calculs « calorimétriques. Je soutiens la première thèse et suis aussi de « l'avis, soit dit en passant, que dans certaines circonstances « l'existence de l'eau peut être considérable. »

Je rappellerai encore une fois ici à M. Zeuner les conclusions déjà citées de son précédent travail. « L'influence énorme que les « Alsaciens ont attribuée à l'action des parois comme réservoirs « thermiques devra en partie, peut-être en majeure partie, être « attribuée à la quantité d'eau restée dans le cylindre. »

Comme on voit, c'est surtout l'effet de cette quantité d'eau qui a d'abord préoccupé M. Zeuner ; son objection, nous l'avons ren- versée en montrant qu'un poids d'eau déjà considérable ne diminuait que fort peu l'action des parois ; comme on le voit aussi, M. Zeuner déplace actuellement la question, puisqu'il n'insiste plus sur la valeur plus ou moins grande de G_0.

Nous allons donner en exemple le calcul de l'essai du 7 septembre 1875 avec vapeur surchauffée en supposant à G_0 diverses valeurs ; cela nous permettra encore une fois de mettre en pleine lumière les erreurs de calcul que nous avons dû commettre dans notre réfutation.

Supposons d'abord, comme nous l'avions fait une première fois, que $G_0 = 0^k,04708$; condition nécessaire, comme nous savons, pour que les parois ne prennent ni ne cèdent de chaleur pendant la compression.

La formule (C) (Zeuner) donne

$$Q_0 + Q_v = G(\lambda - q_2) - G_v(q_2 - q_3) + V_3\gamma_3\varrho_3 - V_2\gamma_2\varrho_2 - L_1 - L_0$$

soit

$$G\,(\lambda - q_2) \;\; = 0{,}2240 \quad (673{,}97 - 85{,}32) = 131{,}86$$
$$G_0\,(q_2 - q_3) = 0{,}04708 \quad (85{,}32 - 54{,}40) = \;\;\;\;1{,}45$$
$$V_3\,\gamma_3\,\rho_3 \;\;\;\;\;\; = 0{,}040 \;\; \times 0{,}1020 \times 532{,}00 = \;\;\;\;2{,}17$$
$$V_2\,\gamma_2\,\rho_2 \;\;\;\;\;\; = 0{,}490 \;\; \times 0{,}3595 \times 507{,}77 = \;\;89{,}45$$
$$L_i + L_c \;\;\;\;\;\; = 19{,}97 \;\; + 2{,}14 \;\;\;\;\;\;\;\;\;\;\;\;\;\; = \;\;22{,}11$$

d'où l'on tire la valeur

$$Q_c + Q_v = 21^c{,}12$$

Tandis que la méthode que M. Zeuner traite de grossièrement incorrecte nous a donné

$$R_c + Q_v = 18{,}87 + 2{,}50 = 21^c{,}37$$

où est donc l'erreur?

Du même coup nous voyons quelle est l'influence de la vapeur comprimée; puisque une valeur de G_0 que M. Zeuner lui-même ne trouve pas insignifiante $0^k{,}04708$ donne

$$Q_c + Q_v = 21^c{,}12$$

tandis qu'en supposant $G_0 = 0$, le poids de vapeur comprimée nul, on obtenait comme nous avons vu plus haut :

$$R_c + Q_v = 20^c{,}30$$

Est-il donc aussi nécessaire, que veut bien le dire M. Zeuner, de tenir compte de G_0 dans les calculs de nos essais?

Voyons maintenant la seconde partie de la thèse de M. Zeuner : « *l'action thermique des parois devra être attribuée en majeure partie* « *à la quantité d'eau restée dans le cylindre.* »

Donnons à G_0 une valeur déjà considérable, prenons le égal à la dépense de vapeur par coup de piston $G_0 = 0{,}2240$. La quantité de chaleur fournie aux parois pendant la compression est donnée par l'équation :

$$Q_d = \;\;\;\; L_d - G_0\,(q_0 - q_3) + (V_3\,\gamma_3\,\rho_3 - V_0\,\gamma_0\,\rho_0)$$

où

$$L_d = 0^c{,}23$$
$$G_0\,(q_0 - q_3) = 0{,}2240\,(85{,}80 \;\;\;\; - \;\;\;\; 54{,}40) = 7^c{,}03$$
$$V_3\,\gamma_3\,\rho_3 \;\;\;\;\;\; = 0{,}040 \times 0{,}1020 \times 532{,}00 = 2^c{,}17$$
$$V_0\,\gamma_0\,\rho_0 \;\;\;\;\;\; = 0{,}005 \times 0{,}3627 \times 507{,}39 = 0^c{,}92$$

d'où

$$Q_d = -\,5^c{,}55.$$

Sans discuter sur le sens de Q_d, comme nous l'avons fait dans notre précédente réfutation, nous ferons remarquer qu'elle est négative, c'est-à-dire que les parois fournissent de la chaleur au mélange qui se comprime.

Calculons encore $Q_c + Q_v$ par la formule (C) ; toutes les quantités qui y entrent ont été données plus haut, sauf

$$G_0 \, (q_2 - q_3) = 0,2240 \, (85,32 - 54,40) = 6^c,92.$$

Il vient donc :

$$Q_c + Q_v = 15^c,55.$$

L'action totale des parois se compose ici de $Q_c + Q_v$, augmenté de Q_d, ce qu'elles ont fourni pendant la compression ; soit en tout :

$$15^c,55 + 5^c,55 = 21^c,10.$$

C'est-à-dire à très peu près ce qu'elles avaient fourni, $20^c,30$, pour la condition $G_0 = 0$; ou $21^c,12$ pour $G_0 = 0,04708$.

La présence d'un poids d'eau considérable dans l'espace nuisible n'a fait que partager en quelque sorte l'action des parois entre l'échappement au condenseur et la compression, mais leur énergie totale reste la même. C'est ce que n'a point encore vu M. Zeuner, bien que je l'aie longuement exposé dans ma précédente réfutation.

Je crois qu'après tous les exemples que je viens de donner, je pourrais, à la rigueur, comme le dit et le fait M. Zeuner à mainte reprise, m'éviter la peine de discuter ce qui va suivre relativement à l'essai sans condenseur, me contentant de renvoyer le lecteur à ma première réfutation, où ce cas particulier est traité en détail.

« Afin d'éclairer toute cette question, je veux encore citer un « exemple pour terminer.

« Parmi les huit séries d'essais de la machine Hirn (d'après « Hallauer) se trouve un essai où la condensation a été supprimée, « où la vapeur s'échappe librement à l'air ; cet essai peut, dans « certaines circonstances présenter un intérêt spécial.

« Exemple II, essai du 28 octobre 1875.

« Machine sans condensation, emploi de vapeur surchauffée à « 220°.

« Pression de la chaudière 43754^k ; température à la chaudière
« $t = 146°,20$.

« Poids de vapeur par coup de piston $G = 0^k,2714$, degré de
« l'expansion $^1/_4$; volume de l'admission $V_1 = 0,1405$, espaces
« nuisibles compris ; et de même $V_2 = 0,4900$ volume final ;
« $V_3 = 0,0400$ volume qui se comprime, le tout en mètres cubes.

« Travail indiqué $L_1 = 14^c$.

« Pression finale de l'expansion $p_2 = 11053^k$.

« La pression au commencement de la compression n'est pas
« donnée, je la pose $= 1^{atm},1$, soit $p_3 = 11367^k$ et le travail de
« refoulement $L_c = 11^c,90$.

Si M. Zeuner avait lu attentivement ma première réfutation, il
aurait trouvé cette pression p_3 ainsi que $q_3 \rho_3$, et de plus $p_0 q_0 \rho_0$
les valeurs à la fin de la compression ; puis une note concernant
cet essai que nous avions examiné à nouveau et pour lequel nous
signalons une correction à faire sur p_1 et p_2, ce qui ne change du
reste que fort peu le résultat $R_c = -1^c,87$ au lieu de $R_c = -1^c,84$.

« Il suit de l'équation (B)
$$(G + G_0) x_2 = V_2 \gamma_2 = 0,3157$$

« Comme $G = 0,2714$ il se trouverait que pour $G_0 = 0$ la vapeur
« à la fin de l'expansion est surchauffée, puisqu'il suit $x_2 > 1$.

« Par contre si je pose $G_0 = 0^k,0443$, $x_2 = 1$, c'est-à-dire que
« la vapeur est saturée sèche.

« Je veux maintenant admettre que le poids de vapeur et d'eau
« G_0 se trouve être entre 0 et $0^k,0443$, alors la vapeur à la fin de
« l'expansion est surchauffée et la quantité de chaleur Q_c qui, par
« course, est enlevée par la vapeur d'échappement se calcule à
« l'aide de l'équation (D) ; je trouve d'après celle-ci, puisque
« l'équation (1^b) donne $\lambda = 686,55$
$$Q_c + Q_v = 5^c,99 - 372,89\, G_0$$

« On voit d'après cette équation quelle forte influence G_0 exerce
« sur la valeur calculée de la quantité de chaleur perdue $Q_c + Q_v$. »

M. Zeuner ne nous apprend ici rien de nouveau, nous avons
déjà insisté lors de nos calculs de 1875 sur ce fait : qu'il faut

nécessairement tenir compte cette fois du poids notable de vapeur renfermé dans l'espace qui se comprime, vu la valeur élevée de la pression qu'elle y possède.

« Si j'admets que l'on peut complétement négliger G_0 on trou-
« verait

$$Q_c + Q_v = 5^c,99$$

« Si, par contre, on prend le volume V_3 au commencement de
« la compression comme étant complétement rempli de vapeur
« saturée sèche, soit $G_0 = V_3 \gamma_3 = 0,0265$, il vient

$$Q_c + Q_v = -3^c,89$$

« Suppose-t-on enfin que la vapeur à la fin de l'expansion soit
« saturée sèche, c'est-à-dire $G_0 = 0,0443$, il s'en suit

$$Q_c + Q_v = -10^c,43$$

« Cette dernière valeur pourrait s'obtenir aussi bien avec l'équa-
« tion (C). Pour l'hypothèse en question Hallauer calcule (ainsi il
« admet ici lui-même qu'il est resté *de l'eau* et de la vapeur dans
« l'espace nuisible!) encore à l'aide de la formule incorrecte donnée
« plus haut (1^b)

$$Q_c + Q_v = 0,66$$

« valeur ainsi très différente de mon résultat.

« Pour la quantité de chaleur Q_a qui a dû être donnée ici aux
« parois du cylindre pendant l'admission, Hallauer tire par le calcul
« $Q_a = 29^c,40$; tandis qu'avec les mêmes données j'obtiens $Q_a =$
« $14^c,55$; la différence se monte à près de 15 calories! : »

Nous voudrions bien savoir comment M. Zeuner arrive à obtenir $14^c,55$ pour Q_a; car en employant sa formule (I)

$$L_a + Q_a + Q_v' = G\lambda + G_0(q_0 + x_0 \varrho_0) - (G + G_0)(q_1 + x_1 \varrho_1)$$

Et en posant comme il doit le faire lui-même

$$L_a = 11^c,76$$
$$G\lambda = 0^c,2714\,(651,09 \quad + 0,5\,(220 - 146,20) = 186,72$$
$$G_0\,(q_0 + x_0 \varrho_0) = 0^c,0443 \times 142,45 + 0,01036 \times 463,70 = 10,96$$
$$(G + G_0)\,(q_1 + x_1 \varrho_1) = 0^c,3157 \times 138,65 + 0,2625 \times 466,24 = 163,68$$

on obtient

$$Q_a + Q_v' = 19^c,76$$

et pas du tout $14^c,55$; il a dû nécessairement lui échapper, dans ce calcul, une erreur numérique, ce qui peut arriver à tout le monde et n'a pas, fort heureusement, les graves conséquences d'une erreur de principe.

Mais ce qui est beaucoup plus essentiel, c'est qu'en attaquant ma valeur $Q_a = 29^c,40$, M. Zeuner oublie complétement qu'elle comprend tout ensemble : aussi bien la chaleur donnée aux parois pendant l'admission, que celle qu'elles reçoivent pendant la compression.

Pour la comparer rigoureusement au chiffre que donne sa formule $Q_a + Q_v' = 19^c,76$, il faut ajouter à ce dernier les $7^c,37$ que la compression donne aux parois; total de $27^c,13$, peu différent en somme du résultat $29^c,40$, que nous donne une méthode taxée par M. Zeuner de grossièrement inexacte.

« Comme Hallauer admet par course une perte de chaleur $Q_v =$
« $2^c,5$, il trouve alors également la valeur de Q_c négative et égale
« à — $1^c,84$, résultat qui a aussi peu de sens que ceux que
« j'obtiens moi-même et pour lequel il ne reste pas d'autre explica-
« tion que celle-ci : les résultats d'expérience indiqués par Hallauer
« dans la présente série d'essais sont faux.

« Je me suis donné la grande peine d'exécuter les calculs de la
« même façon pour toutes les huit séries d'essais; mais je m'abs-
« tiens de produire les résultats, les calculs ci-dessus étant tout à
« fait suffisants pour le cas présent, c'est-à-dire pour fournir les
« preuves du peu de confiance que méritent les calculs de Hallauer.
« Je ne puis m'empêcher de faire la remarque que je crois avoir des
« raisons pour douter maintenant aussi de l'exactitude d'autres
« résultats des expériences.

« Dans l'ancien travail de Hallauer, mentionné plus haut, se trouve
« par exemple pour chacun des huit essais un diagramme d'indi-
« cateur, mais aucun d'eux ne laisse voir une compression notable,
« et, dans ce travail, Hallauer ne parle d'aucun effet de compres-
« sion. »

Les diagrammes en question sont des diagrammes du pandynamomètre de flexion, de plus, réduits par l'imprimeur; il est donc
difficile d'y lire à première vue la compression. M. Zeuner sait
bien que nous en avons cependant tenu compte, mais dans le seul
cas où sa valeur ait mérité d'être notée : pour l'essai sans condenseur. — « Malgré cela, dans sa réplique, il emploie pour les
« quatre exemples des données sur p_s et p_0 les pressions; V_s, V_0
« les volumes de la vapeur au commencement et à la fin de la
« compression, ainsi que sur le travail de compression; c'eût été
« justement le moment d'indiquer comment on pourrait mettre en
« harmonie les anciennes données avec les nouvelles.

« Je termine ainsi ma réponse aux réfutations de MM. Hirn et
« Hallauer, et je n'aurai pas besoin d'ajouter qu'en m'appuyant sur
« les explications qui précèdent, je crois avoir le droit de maintenir
« en entier tout le contenu de mon dernier traité qui a provoqué
« une discussion avec lesdits messieurs; mais je n'en regrette pas
« moins, comme le fait M. Hirn, d'avoir été obligé de donner toute
« cette dissertation.

« Dans mon dernier exposé, enfin, j'ai encore mentionné que
« Gustave Schmidt a régulièrement donné des comptes-rendus sur
« les travaux des Alsaciens; il a donc aussi cru devoir, dans le
« *Dingler's polytechnisches Journal* (1882, t. CCXLIV, p. 1), sous
« le titre : *Progrès sur la méthode de recherches calorimétriques*,
« discuter mon travail et les répliques de Hirn et Hallauer, mais
« d'une façon absolument inqualifiable.

« Tandis que dans mon premier exposé, tout aussi bien que
« dans le travail actuel, je cherche à fournir des bases d'analyse
« certaines pour les recherches sur les machines à vapeur, M. Gust.
« Schmidt dit que MM. Hirn et Hallauer auraient « repoussé par
« une réfutation approfondie de 85 pages in-8° mon attaque sur
« la méthode de recherches calorimétriques », et il ajoute alors que
« la « dispute » aurait au moins cela de bon d'avoir fait arriver
« M. Hallauer à une nouvelle méthode de calcul qui « constitue un
« progrès sinon très grand, du moins toujours digne d'attention. »

« Le progrès indiqué consiste en ce que Hallauer mentionne le
« phénomène de la compression, et même (ce que M. G. Schmidt ne
« pouvait pas trouver, puisqu'il discute mon travail, mais qu'il ne
« l'a pas lu) la mentionne d'après mon équation (IV), qui indique
« déjà ce point de la question tel que je l'avais traité dans mes
« équations antérieures (18).

« Mais Gustave Schmidt commet en outre, comme dans ses tra-
« vaux précédents, les mêmes fautes grossières de calcul et les
« conclusions fautives de Hallauer ; chez ce dernier les fautes sont
« plus masquées ; chez le premier elles se montrent clairement,
« parce qu'il représente les phénomènes de l'admission par des
« formules (celles des Nos 5, 6 et 7) qui sont fausses et dans la
« construction desquelles les principes de la Théorie mécanique de
« la chaleur se trouvent violemment heurtés. Il résulte de là que
« les autres exemples de calcul cités par G. Schmidt sont aussi
« faux. »

Comme on voit, le savant professeur G. Schmidt n'est pas plus
épargné que nous-mêmes pour avoir jugé mal à propos, paraît-il,
que nous pouvions avoir raison ; mais ce qui doit surtout laisser au
lecteur du travail de M. Zeuner une impression pénible, c'est la
forme dédaigneuse et presque acerbe qu'il donne à la discussion,
quel que soit d'ailleurs son contradicteur.

De tout l'ensemble de notre réponse il résulte clairement :

1° Que M. Zeuner n'a examiné attentivement et discuté à fond
qu'une seule de mes objections, celle qui touche à l'effet des tourbillons sur la pression d'admission p_1.

Il me raille d'avoir basé mon raisonnement erroné sur une identité qui doit exister dans tous les cas entre les deux valeurs de Q_c,
notre refroidissement au condenseur R_c. Nous avons vu au contraire que cette identité ne peut s'établir que dans le cas où un
diagramme *réel* coïncide presque avec la courbe *idéale* des pressions
d'équilibre stable, c'est-à-dire lorsque l'effet des tourbillons est
sensiblement nul. Le fait s'est présenté pour tous nos essais,

comme je l'ai indiqué dans mon premier travail, et c'est même là que gît le point capital de ma démonstration.

2° M. Zeuner se rejette sur de prétendues fautes grossières, devant exister dans tous mes calculs, pour ne point examiner la partie de mon travail traitant de l'influence relativement faible qu'a, sur l'action des parois, un poids plus ou moins grand G_0 de vapeur et d'eau supposé dans l'espace comprimé. Nous venons de voir tout d'abord que nos erreurs peuvent être considérées comme nulles; ensuite qu'en employant même les formules de M. Zeuner, nos conclusions sur l'effet de G_0 restent intactes.

Il me reste maintenant à remercier M. Zeuner de son attaque, car elle nous a fourni l'occasion d'un nouveau travail que nous pouvons croire utile. M. Zeuner a le mérite d'avoir exprimé en quatre équations élégantes l'ensemble des phénomènes qui se passent dans un cylindre moteur pendant l'admission, pendant la détente, pendant la condensation, et pendant la compression finale. Il m'est pourtant impossible de ne pas faire, quant au caractère général de ces équations, une réflexion, que fera avec moi quiconque voudra rester juste. Ces équations en effet ne font en réalité que présenter *simultanément*, dans leurs rapports réciproques, les termes que, depuis vingt-cinq ans, les Alsaciens ont dû et su déterminer et mettre *implicitement* en rapport. La seule et unique différence repose beaucoup plutôt sur la méthode d'emploi des éléments en jeu, que sur le fond des choses; tandis que nous calculons et ajoutons ou retranchons *successivement* les termes dont les relations sont *évidentes,* M. Zeuner, suivant l'usage reçu par les algébristes, substitue des lettres à tous ces termes, pour les mettre *simultanément* en relation, sauf à y substituer ensuite lui-même les valeurs numériques que fournit l'expérience. Sans celle-ci, les équations resteraient sans emploi, aussi bien que nos calculs seraient impossibles. De théorie proprement dite de la machine à vapeur, il n'y en a point dans ces équations : pour en demeurer convaincu, il suffit de se reporter à ce que dit M. Hirn pages 14≡15 de son présent travail. — Les seuls éléments neufs dans les équations de M. Zeuner sont : 1° la provision d'eau G_0, hypothétique en thèse générale, et, dans les essais alsaciens, toujours trop petite pour qu'il y ait eu lieu d'en tenir compte ; 2° et puis les termes relatifs à la compression finale, trop petits aussi dans nos essais pour que nous ayons eu à nous en occuper.

O. HAELAUER.

Munster (Alsace), 26 septembre 1882.

MULHOUSE — IMPRIMERIE VEUVE BADER ET Cie